中国农业标准经典收藏系列

最新中国农业行业标准

第九辑

农机分册

农业标准编辑部 编

中国农业出版社

出 版 说 明

近年来，农业标准编辑部陆续出版了《中国农业标准经典收藏系列·最新中国农业行业标准》，将 2004—2011 年由我社出版的 2300 多项标准汇编成册，共出版了八辑，得到了广大读者的一致好评。无论从阅读方式还是从参考使用上，都给读者带来了很大方便。为了加大农业标准的宣贯力度，扩大标准汇编本的影响，满足和方便读者的需要，我们在总结以往出版经验的基础上策划了《最新中国农业行业标准·第九辑》。

本次汇编对 2012 年出版的 336 项农业标准进行了专业细分与组合，根据专业不同分为种植业、畜牧兽医、植保、农机、水产和综合 6 个分册。

本书收录了作物加工机械、农机作业、农机修理和农机职业技能培训等方面的农业行业标准 34 项。并在书后附有 2012 年发布的 11 个标准公告供参考。

特别声明：

1. 汇编本着尊重原著的原则，除明显差错外，对标准中所涉及的有关量、符号、单位和编写体例均未做统一改动。

2. 从印制工艺的角度考虑，原标准中的彩色部分在此只给出黑白图片。

3. 本辑所收录的个别标准，由于专业交叉特性，故同时归于不同分册当中。

本书可供农业生产人员、标准管理干部和科研人员使用，也可供有关农业院校师生参考。

农业标准编辑部

2013 年 11 月

目　　录

出版说明

NY/T 228—2012　天然橡胶初加工机械　打包机 ……………………………………… 1

NY/T 261—2012　剑麻加工机械　纤维压水机 …………………………………………… 9

NY/T 338—2012　天然橡胶初加工机械　五合一压片机 ………………………………… 17

NY/T 341—2012　剑麻加工机械　制绳机 ………………………………………………… 25

NY/T 342—2012　剑麻加工机械　纺纱机 ………………………………………………… 33

NY/T 381—2012　天然橡胶初加工机械　压薄机 ………………………………………… 41

NY/T 2135—2012　蔬菜清洗机洗净度测试方法 …………………………………………… 49

NY/T 2139—2012　沼肥加工设备 …………………………………………………………… 59

NY/T 2144—2012　农机轮胎修理工 ………………………………………………………… 69

NY/T 2145—2012　设施农业装备操作工 …………………………………………………… 77

NY 2187—2012　拖拉机号牌座设置技术要求 …………………………………………… 89

NY 2188—2012　联合收割机号牌座设置技术要求 ……………………………………… 93

NY 2189—2012　微耕机　安全技术要求 ………………………………………………… 97

NY/T 2190—2012　机械化保护性耕作　名词术语 ……………………………………… 109

NY/T 2191—2012　水稻插秧机适用性评价方法 ………………………………………… 117

NY/T 2192—2012　水稻机插秧作业技术规范 …………………………………………… 127

NY/T 2193—2012　常温烟雾机安全施药技术规范 ……………………………………… 133

NY/T 2194—2012　农业机械田间行走道路技术规范 …………………………………… 139

NY/T 2195—2012　饲料加工成套设备能耗限值 ………………………………………… 149

NY/T 2196—2012　手扶拖拉机　修理质量 ……………………………………………… 155

NY/T 2197—2012　农用柴油发动机　修理质量 ………………………………………… 161

NY/T 2198—2012　微耕机　修理质量 …………………………………………………… 169

NY/T 2199—2012　油菜联合收割机　作业质量 ………………………………………… 173

NY/T 2200—2012　活塞式挤奶机　质量评价技术规范 ………………………………… 179

NY/T 2201—2012　棉花收获机　质量评价技术规范 …………………………………… 189

NY/T 2202—2012　碾米成套设备　质量评价技术规范 ………………………………… 201

NY/T 2203—2012　全混合日粮制备机　质量评价技术规范 …………………………… 213

NY/T 2204—2012　花生收获机械　质量评价技术规范 ………………………………… 225

NY/T 2205—2012　大棚卷帘机　质量评价技术规范 …………………………………… 239

NY/T 2206—2012　液压榨油机　质量评价技术规范 …………………………………… 249

NY/T 2207—2012　轮式拖拉机能效等级评价 …………………………………………… 261

NY/T 2208—2012　油菜全程机械化生产技术规范 ……………………………………… 267

NY/T 2261—2012　木薯淀粉初加工机械　碎解机　质量评价技术规范 ……………… 273

NY/T 2264—2012　木薯淀粉初加工机械　离心筛　质量评价技术规范 ……………… 281

附录

中华人民共和国农业部公告　　第1723号 …………………………………………………… 288

中华人民共和国农业部公告　　第1729号 …………………………………………………… 290

中华人民共和国农业部公告　　第1730号 …………………………………………………… 292

中华人民共和国农业部公告　　第1782号 …………………………………………………… 294

中华人民共和国农业部公告　　第1783号 …………………………………………………… 296

中华人民共和国农业部公告　　第1861号 …………………………………………………… 299

中华人民共和国农业部公告　　第1862号 …………………………………………………… 301

中华人民共和国农业部公告　　第1869号 …………………………………………………… 303

中华人民共和国农业部公告　　第1878号 …………………………………………………… 307

中华人民共和国农业部公告　　第1879号 …………………………………………………… 310

中华人民共和国卫生部　中华人民共和国农业部公告　2012年　第22号………………… 312

ICS 65.060
B 95

中华人民共和国农业行业标准

NY/T 228—2012
代替 NY 228—1994

天然橡胶初加工机械　打包机

Machinery for primary processing of natural rubber—Baler

2012-06-06 发布   2012-09-01 实施

中华人民共和国农业部 发布

前　言

本标准按照GB/T 1.1—2009给出的规则起草。

本标准代替NY 228—1994《标准橡胶打包机技术条件》。

本标准与NY 228—1994相比，主要技术内容变化如下：

——名称改为《天然橡胶初加工机械　打包机》；

——前言部分增加了天然橡胶初加工机械系列标准；

——主要技术参数做了部分修改（见3.3）；

——增加液压系统油液的清洁度要求（见4.1.4）；

——增加图样上未注尺寸、角度公差和打包质量要求（见4.1.2和4.1.10）；

——删除了连续称量打包机的四个打包箱和称量箱的不对称度要求（见4.3,1994年版的2.7.9）；

——增加试验方法和检验规则（见第5章和第6章）。

本标准是天然橡胶初加工机械系列标准之一。该系列标准的其他标准是：

——NY/T 262—2003　天然橡胶初加工机械　绉片机；

——NY/T 263—2003　天然橡胶初加工机械　锤磨机；

——NY/T 338—1998　天然橡胶初加工机械　五合一压片机；

——NY/T 339—1998　天然橡胶初加工机械　手摇压片机；

——NY/T 340—1998　天然橡胶初加工机械　洗涤机；

——NY/T 381—1999　天然橡胶初加工机械　压薄机；

——NY/T 408—2000　天然橡胶初加工机械产品质量分等；

——NY/T 409—2000　天然橡胶初加工机械　通用技术条件；

——NY/T 460—2010　天然橡胶初加工机械　干燥车；

——NY/T 461—2010　天然橡胶初加工机械　推进器；

——NY/T 462—2001　天然橡胶初加工机械　燃油炉；

——NY/T 926—2004　天然橡胶初加工机械　撕粒机；

——NY/T 927—2004　天然橡胶初加工机械　碎胶机；

——NY/T 1557—2007　天然橡胶初加工机械　干搅机；

——NY/T 1558—2007　天然橡胶初加工机械　干燥设备。

本标准由中华人民共和国农业部农垦局提出。

本标准由农业部热带作物及制品标准化技术委员会归口。

本标准起草单位：中国热带农业科学院农产品加工研究所。

本标准主要起草人：朱德明、钱建英、陆衡湘、邓维用、陈成海、静玮。

本标准所代替标准的历次版本发布情况为：

——NY 228—1994。

天然橡胶初加工机械　打包机

1 范围

本标准规定了天然橡胶初加工机械打包机的产品型号规格、主要技术参数、技术要求、试验方法、检验规则及标志、包装、运输和贮存等要求。

本标准适用于天然橡胶初加工机械打包机(以下简称打包机)的设计制造及质量检验。

2 规范性引用文件

下列文件对于本文件的应用是必不可少的。凡是注日期的引用文件,仅注日期的版本适用于本文件。凡是不注日期的引用文件,其最新版本(包括所有的修改单)适用于本文件。

GB/T 700　优质碳素结构钢

GB/T 1800.2　产品几何技术规范(GPS)极限与配合　第2部分:标准公差等级和孔、轴极限偏差表

GB/T 1804　一般公差　未注公差的线性和角度尺寸的公差

GB/T 2828.1　计数抽样检验程序　第1部分:按接受质量限(AQL)检索的逐批检验抽样计划

GB 5226.1　机械电气安全　机械电气设备　第1部分:通用技术条件

GB/T 8082—2008　天然生胶标准橡胶包装、标志、贮存和运输

GB 8196　机械安全　防护装置　固定式和活动式防护装置设计与制造一般要求

GB/T 14039—2002　液压传动　油液固体颗粒污染等级代号

JB/T 9832.2　农林拖拉机及机具漆膜附着力性能测定法　压切法

NY/T 408—2000　天然橡胶初加工机械　产品质量分等

NY/T 409—2000　天然橡胶初加工机械　通用技术条件

3 产品型号规格及主要技术参数

3.1 型号规格的编制方法

产品型号规格编制方法应符合 NY/T 409 的规定。

3.2 型号规格表示方法

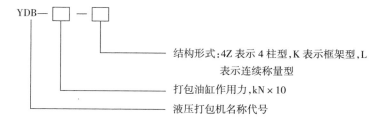

示例:

YDB—100—4Z 表示液压打包机,其打包油缸作用力为 1 000 kN,4 柱型。

3.3 主要技术参数

产品的主要技术参数见表1。

表1　产品主要技术参数

项　目	技　术　参　数			
型号	YDB—100—L	YDB—120—4Z	YDB—150—K	YDB—150—4Z
生产率,kg 干胶/h	2 000	2 000	3 000	3 000
打包油缸额定作用力,kN	600,1 000,1 200,1 500			
打包油缸最大行程,mm	320,380,550,660			
顶包(箱)油缸最大行程,mm	620,640,950,1 000			
打包箱内腔尺寸(长×宽×高),mm	670×330×450,680×340×450			
功率,kW	11,15,18.5,20			

4 技术要求

4.1 基本要求

4.1.1 应按经批准的图样和技术文件制造。

4.1.2 图样上未注尺寸和角度公差应符合 GB/T 1804 中 C 公差等级的规定。

4.1.3 打包机出厂前须进行空载、负载和超载荷试验。

4.1.4 液压系统中油液的清洁度不得低于 GB/T 14039 中的 20/17 级。

4.1.5 液压系统工作油温不应高于 65℃。

4.1.6 负载试验,泵、阀、油缸活塞运行平稳,电气、液压元件应准确可靠,液压系统无渗漏现象,打包箱内任一方向的变形量不应超过 0.5 mm。

4.1.7 超载试验,液压系统应无异常声音和明显的渗漏现象,机架和其他承受压力的零件不应抖动及变形。

4.1.8 整机运行平稳可靠,不应有异常声响。调整机构应灵活可靠,紧固件无松动。

4.1.9 空载噪声应不大于 75 dB(A)。

4.1.10 打包质量应符合 GB/T 8082—2008 中 3.1 的要求。

4.1.11 打包机使用可靠性应不小于 95%。

4.2 主要零部件

4.2.1 打包箱内壁应光滑平整,应用机械性能不低于 GB/T 700 规定的 Q235 钢制造。

4.2.2 打包箱横截面的对角线长度公差小于或等于 3 mm。

4.2.3 油路管道及其配件的规格和尺寸应符合有关标准的规定,安装前应清洗干净。

4.2.4 油路管道布置应整齐、牢固、合理。

4.2.5 油箱应具有高、低油位指示。

4.2.6 油泵和液压元件直接安装在油箱上时,应有防止产生振动和噪声的措施。

4.3 装配质量

4.3.1 零件部应经检查合格清洁后进行装配。

4.3.2 打包油缸轴线与立柱导轨的平行度应不大于 0.02%。

4.3.3 打包压头行程下限与打包箱底内平面间距为 140 mm～160 mm。

4.3.4 上下横梁平行度应不大于 0.1%。

4.3.5 打包箱内腔与压头周边的对称度应不大于 3 mm。

4.3.6 打包箱活动底板与箱内腔的最大间隙不应超过 1 mm,底板上下活动应自如,不应有卡滞现象。

4.3.7 电气线路铺设应整齐、美观、可靠。

4.4 外观质量

4.4.1 外观表面应平整。

4.4.2 铸件表面不应有飞边、毛刺等。

4.4.3 焊接件外观表面不应有焊瘤、金属飞溅物等缺陷。焊缝表面应均匀,无裂纹。

4.4.4 漆层外观色泽应均匀、平整光滑;不应有露底、严重的流痕和麻点;明显的起泡、起皱应不多于3处。

4.4.5 漆膜附着力应符合 JB/T 9832.2 中 2 级 3 处的规定。

4.5 安全防护

4.5.1 外露转动部件应装固定式防护罩,防护罩应符合 GB 8196 的规定。

4.5.2 电器装置应符合 GB 5226.1 的规定。

4.5.3 电器装置应有可靠的接地保护,接地电阻应不大于 10 Ω。

4.5.4 零部件不应有锐边和尖角。

4.5.5 应设有过载保护装置。

5 试验方法

5.1 空载试验

5.1.1 空载试验应在总装配检验合格后应进行。

5.1.2 机器连续运行应不小于 1 h。

5.1.3 空载试验项目和要求见表2。

表 2 空载试验项目和要求

试验项目	要　　求
运行情况	符合 4.1.8 的规定
打包压头行程下限与打包箱底内平面间距	符合 4.3.3 的规定
电器装置	工作正常
打包箱内腔与压头周边的对称度	符合 4.3.5 的规定
噪声	符合 4.1.9 的规定

5.2 负载试验

5.2.1 负载试验应在空载试验合格后进行。

5.2.2 负载试验连续工作应不少于 1 h,额定负载试验连续工作应不少于 2 h。

5.2.3 负载试验项目和要求见表3。

表 3 负载试验项目和要求

试验项目	要　　求
运行情况	符合 4.1.6 和 4.1.8 的规定
电器装置	工作正常,并符合 4.3.7、4.5.2 和 4.5.3 的规定
打包箱变形量	符合 4.1.6 的规定
液压系统油温	符合 4.1.5 的规定
工作质量[a]	符合 4.1.10 的规定
生产率[b]	符合表 1 的规定
[a,b] 工作质量和生产率仅在额定负载下测定。	

5.3 超载试验

5.3.1 超载试验应在负载试验合格后进行。

5.3.2 超载试验项目和要求见表4。

表4 超载试验项目和要求

试验项目	要 求
运行情况	符合4.1.5～4.1.9的规定
液压系统工作情况	符合4.1.7的规定

5.4 测定方法

5.4.1 负载试验

按单位压力为10 MPa、20 MPa、32 MPa的压力梯度进行,在每一压力梯度下保压5 min。

5.4.2 打包箱变形量测定

在包装箱内装入规定量冷标准橡胶进行压块,当打包油缸达到额定作用力,保压10 min后取出胶块,对内腔表面的几何尺寸进行测量。

5.4.3 超载试验

以油路额定工作压力的1.25倍进行超载试验,保压5 min。

5.4.4 生产率、噪声、尺寸公差、形位公差、硬度和使用可靠性等应按NY/T 408—2000中第4章的相关规定进行测定。漆膜附着力应按JB/T 9832.2的规定进行测定。

6 检验规则

6.1 出厂检验

6.1.1 出厂检验实行全检,取得合格证后方可出厂。

6.1.2 出厂检验项目及要求:

——外观和涂漆应符合4.4的规定;

——装配应符合4.3的规定;

——安全防护应符合4.5的规定;

——空载试验应符合5.1的规定。

6.1.3 用户有要求时,可进行负载试验。负载试验应按5.2的规定执行。

6.2 型式检验

6.2.1 有下列情况之一时,应进行型式检验:

——新产品生产或产品转厂生产;

——正式生产后,结构、材料、工艺等有较大改变,可能影响产品性能;

——正常生产时,定期或周期性抽查检验;

——产品长期停产后恢复生产;

——出厂检验发现产品质量显著下降;

——质量监督机构提出型式检验要求;

——合同规定。

6.2.2 型式检验实行抽检。抽样按GB/T 2828.1规定的正常检查一次抽样方案。

6.2.3 样本一般应是12个月内生产的产品。抽样检查批量应不少于3台,样本为2台。

6.2.4 整机抽样地点在生产企业的成品库或销售部门;零部件在半成品库或装配线上以检验合格的零部件中抽取。

6.2.5 检验项目、不合格分类和判定规则见表5。

表5　型式检验项目、不合格分类和判定规则

不合格分类	检验项目	样本数	项目数	检查水平	样本大小字码	AQL	Ac	Re
A	1. 生产率 2. 使用可靠性 3. 安全防护 4. 打包机		4			6.5	0	1
B	1. 噪声 2. 压头行程下限 3. 打包箱内腔与压头周边的对称度 4. 超载试验	2	5	S-I	A	25	1	2
C	1. 打包箱横截面的对角线长度公差 2. 整机外观 3. 漆层外观 4. 漆膜附着力 5. 标志和技术文件		6			40	2	3
注:AQL 为合格质量水平,Ac 为合格判定数,Re 为不合格判定数。评定时,采用逐项检验考核。A、B、C 各类的不合格总数小于或等于 Ac 为合格,大于或等于 Re 为不合格。A、B、C 各类均合格时,该批产品为合格品,否则为不合格品。								

7　标志、包装、运输和贮存

产品的标志、包装、运输和贮存应符合 NY/T 409—2000 中第 8 章的规定。

———

ICS 65.060.99
B 90

中华人民共和国农业行业标准

NY/T 261—2012
代替 NY/T 261—1994

剑麻加工机械　纤维压水机

Machinery for sisal hemp processing—Pressing water machine of fiber

2012-06-06 发布　　　　　　　　　　　　2012-09-01 实施

中华人民共和国农业部 发布

前　言

本标准按照 GB/T 1.1—2009 给出的规则起草。

本标准代替 NY/T 261—1994《剑麻纤维压水机》。

本标准与 NY/T 261—1994 相比,主要变化如下:

——增加了"术语和定义"(见 3.1);

——修改了主要技术参数的内容(见 4.2,1994 年版的 3.3);

——增加了机械的使用可靠性要求(见 5.1.8);

——增加了对包胶辊材料和公差的要求(见 5.2.1.2~5.2.1.5);

——修改铸件和焊接件质量为引用 GB/T 15032 中的相关要求(见 5.2.2~5.2.3,1994 年版的
　4.7~4.8);

——增加了漆膜附着力(见 5.4.5);

——增加了对电气装置的要求(见 5.5.3);

——修改了空载试验项目(见 6.1.2,1994 年版的 6.1.2);

——修改了负载试验项目(见 6.2.3,1994 年版的 6.2.1);

——增加了使用可靠性、胶辊硬度、尺寸公差和漆膜附着力的测定方法(见 6.3);

——增加了型式检验内容和判定规则(见 7.2.5~7.2.6)。

本标准由中华人民共和国农业部农垦局提出。

本标准由农业部热带作物及制品标准化技术委员会归口。

本标准起草单位:中国热带农业科学院农业机械研究所。

本标准主要起草人:王金丽、黄晖、张文强、邓怡国、刘智强。

本标准所代替标准的历次版本发布情况为:

——NY/T 261—1994。

剑麻加工机械　纤维压水机

1　范围

本标准规定了剑麻纤维压水机的术语和定义、型号规格和基本性能参数、技术要求、试验方法、检验规则、包装、贮存及运输。

本标准适用于剑麻纤维加工中一次性完成纤维脱胶、压水的机械。

2　规范性引用文件

下列文件对于本文件的应用是必不可少的。凡是注日期的引用文件，仅注日期的版本适用于本文件。凡是不注日期的引用文件，其最新版本（包括所有的修改单）适用于本文件。

GB/T 531.1　硫化橡胶或热塑性橡胶　压入硬度试验方法　第1部分:邵氏硬度计法（邵尔硬度）

GB/T 699　优质碳素结构钢

GB/T 1184　形状和位置公差　未注公差值

GB/T 1800.2　产品几何技术规范（GPS）极限与配合第2部分:标准公差等级和孔、轴极限偏差表

GB/T 2828.1　计数抽样检验程序　第1部分:按接收质量限（AQL）检索的逐批检验抽样计划

GB/T 3177　产品几何技术规范（GPS）光滑工件尺寸的检验

GB/T 3768　声学　声压法测定噪声源　声功率级　反射面上方采用包络测量表面的简易法

GB/T 8196　机械安全　防护装置　固定式和活动式防护装置设计与制造一般要求

GB/T 9439　灰铸铁件

GB/T 15032—2008　制绳机械设备通用技术条件

JB/T 9832.2　农林拖拉机及机具　漆膜附着力性能测定法　压切法

NY/T 243　剑麻纤维制品回潮率的测定　蒸馏法

NY/T 1036　热带作物机械　术语

NY 1874—2010　制绳机械设备安全技术要求

3　术语和定义

NY/T 1036界定的以及下列术语和定义适用于本文件。

3.1

压辊列数　the number of press roller pairs

由上下紧挨安装的一对压辊（辊筒）组合为一列，压水机中压辊组合的数量为列数。

4　型号规格和主要技术参数

4.1　型号规格编制方法

压水机的型号规格由机器代号、压辊列数组成。

示例:

Y3表示压辊列数为3的剑麻纤维压水机。

4.2 主要技术参数

主要产品技术参数见表1。

表1 主要技术参数

型号	加压方式	辊筒直径/长度 mm	输送速度 m/s	辊筒线速度 m/s	功率 kW	生产率 t/h	压水后纤维含水率 %
Y3	弹簧加压	300/1 100	0.167	0.184	5.5×3	≥0.8	≤50
Y2	弹簧加压	300/1 100	0.167	0.184	5.5×2	≥0.8	≤60

5 技术要求

5.1 基本要求

5.1.1 压水机应符合本标准的要求,并按规定程序批准的图样和技术文件制造。

5.1.2 经压水机压水后的纤维应保持整齐不乱。

5.1.3 机器运转应平稳,无明显的振动和异常声响。

5.1.4 加压装置和调节应方便可靠。

5.1.5 机器运转时,各轴承的温度不应有骤升现象。空载运转时,温升不应超过30℃;负载运转时,温升不应超过35℃。

5.1.6 减速箱不应有渗漏现象。负载运行时的油温应不大于60℃。

5.1.7 空载噪声应不大于85 dB(A)。

5.1.8 使用可靠性≥94%。

5.2 主要零部件

5.2.1 包胶辊

5.2.1.1 胶辊表面硬度应不小于邵氏A型硬度80度,并有耐酸性能。

5.2.1.2 胶辊外圆柱面应平整,圆度公差等级应不小于GB/T 1184中的10级。内方孔直角处圆角半径为4 mm~6 mm。

5.2.1.3 下压辊和胶辊内圈应采用力学性能不低于GB/T 9439中规定的HT200灰铸铁材料制造。

5.2.1.4 压辊轴材料的力学性能应不低于GB/T 699中45号钢的要求,并应进行调质处理。

5.2.1.5 压辊轴承位轴径尺寸公差应符合GB/T 1800.2中k7的要求。

5.2.1.6 轴承座孔尺寸公差应符合GB/T 1800.2中M7的要求。

5.2.2 铸件

铸件质量应符合GB/T 15032—2008中5.5的规定。

5.2.3 焊接件

焊接件质量应符合GB/T 15032—2008中5.6的规定。

5.3 装配

5.3.1 所有零件、部件均应符合相应的技术要求。外购件、协作件应有合格证书,并符合相关标准要求。

5.3.2 转动部件应运转灵活、平稳、无阻滞现象。

5.3.3 润滑系统应畅通,保证各润滑部位得到良好润滑。

5.3.4 上压辊胶套组装后,胶套之间不应有间隙,外圆柱面应平整。

5.3.5 两链轮齿宽对称面的偏移量不大于两链轮中心的 0.2%,链条松边下垂度为两链轮中心距的 1%~5%。

5.3.6 两 V 带轮轴线的平行度应不大于两轮中心距的 1%;两带轮轮宽对应面的偏移量应不大于两轮中心距的 0.5%。

5.4 外观和涂漆

5.4.1 机器表面不应有图样未规定的明显凸起、凹陷、粗糙不平和其他损伤等缺陷。

5.4.2 外露的焊缝应修平,表面应平滑。

5.4.3 零、部件结合面的边缘应平整,相互错位量应不大于 3 mm。

5.4.4 机器的涂层应采用喷漆方法。油漆表面色泽应均匀,不应有露底、起泡和起皱。铸件不加工的内表面涂防锈底漆。

5.4.5 漆膜附着力应符合 JB/T 9832.2 中 2 级 3 处及以上的规定。

5.5 安全防护

5.5.1 外露的皮带轮、链轮、传动轴等应有防护装置,并应符合 GB/T 8196 的规定。

5.5.2 机器外露转动零件端面应涂深红色,以示注意。

5.5.3 电气装置应符合 NY 1874—2010 中 5.4 的要求。

5.6 标志和技术文件

5.6.1 标牌应固定在产品的显著位置,内容应包括产品名称、商标、产品型号及规格、制造厂名、出厂编号以及出厂日期等。

5.6.2 产品提供的技术文件应包括产品使用说明书、检验合格证、装箱单及附件清单等。

6 试验方法

6.1 空载试验

6.1.1 空载试验应在装配合格后进行。

6.1.2 在连续运转时间不少于 2 h 后,按表 2 进行检查。

表 2 空载试验项目和方法

序号	试验项目	要 求	试验方法	仪 器
1	机器运转	5.1.3	感官	—
2	加压装置	5.1.4	感官	—
3	轴承温升	5.1.5	测定空载运行前、后的温度,计算温升	分度值不大于 1℃的测温仪
4	减速箱密封	5.1.6	目测	—
5	噪声	5.1.7	GB/T 3768 的规定	Ⅱ型及Ⅱ型以上声级计

6.2 负载试验

6.2.1 设备的安装应符合说明书的要求。

6.2.2 负载试验应按要求检查和调试,在空载试验合格后进行。试验连续运转时间应不小于 2 h。

6.2.3 试验项目和方法应符合表 3 的要求。

表 3   负载试验项目和方法

序号	试验项目	要　求	试验方法	仪　器
1	机器运转	5.1.3	感官	—
2	加压装置	5.1.4	感官	—
3	轴承温升	5.1.5	测定运行前、后的温度	分度值不大于1℃的测温仪
4	减速箱密封	5.1.6	目测	—
5	减速箱的油温	5.1.6	试验结束时测定	分度值不大于1℃的测温仪
6	生产率	4.2的表1	GB/T 15032—2008的6.3.1	秒表和台秤
7	压水后纤维质量	5.1.2	目测	—
8	纤维含水率	4.2的表1	NY/T 243的规定	—

6.3　其他试验

6.3.1　使用可靠性测定应按 GB/T 15032—2008 中6.3.2的规定。

6.3.2　胶辊硬度测定应按 GB/T 531.1 的规定。

6.3.3　尺寸公差的测定应按 GB/T 3177 的规定。

6.3.4　漆膜附着力的测定应按 JB/T 9832.2 的规定。

7　检验规则

7.1　出厂检验

7.1.1　出厂产品应实行全检。每一产品应有制造企业签发的"检验合格证"。

7.1.2　出厂检验项目及要求：

——装配质量应符合5.3的规定；

——外观和涂漆质量应符合5.4的规定；

——安全防护应符合5.5.1和5.5.2的规定；

——空载试验应符合6.1的规定。

7.1.3　客户有要求时可做负载试验。负载试验应符合6.2的要求。

7.2　型式检验

7.2.1　在下列情况时，应进行型式检验：

——新产品生产或产品转厂生产；

——正式生产后，结构、材料、工艺等有较大改变，可能影响产品性能；

——正常生产时，定期或周期性抽查检验；

——产品长期停产后恢复生产；

——出厂检验发现与上次型式检验有较大差异；

——质量监督机构提出型式检验要求。

7.2.2　型式检验应采用随机抽样方法检验。抽样方法按 GB/T 2828.1 中正常检查一次抽样方案确定。

7.2.3　样本的生产时间应不超过12个月，批量应不少于3台。

7.2.4　整机样本应在成品库或销售部门抽取；零部件应在半成品库或装配线上已检验合格的零部件中抽取，也可在样机上拆取。

7.2.5　型式检验项目、不合格分类见表4。

表 4　型式检验项目、不合格分类

不合格分类	检验项目	样本数	项目数	检查水平	样本大小字码	AQL	Ac	Re
A	1. 生产率 2. 压水后纤维质量 3. 安全防护 4. 使用可靠性[a]		4			6.5	0	1
B	1. 噪声 2. 压辊轴承位轴径 3. 轴承温升 4. 油箱油温及渗漏油 5. 辊胶间隙	2	5	S-I	A	25	1	2
C	1. 链轮装配质量 2. 漆膜附着力 3. 油漆外观 4. 外观质量 5. 标志和技术文件		5			40	2	3
注：AQL 为合格质量水平，Ac 为合格判定数，Re 为不合格判定数。								
[a]　监督性检验可以不做使用可靠性检查。								

7.2.6　判定规则：评定时采用逐项检验考核，A、B、C 各类的不合格总数小于等于 Ac 为合格，大于等于 Re 为不合格。A、B、C 各类均合格时，判该批产品为合格品，否则为不合格品。

8　包装、贮存及运输

8.1　产品包装前机件和随机工具外露的加工面应涂防锈剂，主要零件的加工面应包防潮纸。

8.2　产品的包装箱内应铺防水材料。包装箱应适应运输装卸的要求。

8.3　产品可整机装箱，也可分解装箱。产品的零件、部件、工具和备件应固定在箱内。

8.4　产品应贮存在仓库内，有防水、防潮、防锈措施。

8.5　包装箱的外壁应注明制造厂的名称，产品的型号及规格、名称，包装箱外形尺寸、净重、毛重等。

8.6　包装箱内应附有产品的技术文件，并用塑料袋封好固定在包装箱内。

————————

ICS 65.060.99
B 93

中华人民共和国农业行业标准

NY/T 338—2012
代替 NY/T 338—1998

天然橡胶初加工机械 五合一压片机

Machinery for primary processing of natural rubber—Five in one roll mill

2012-12-07 发布

2013-03-01 实施

中华人民共和国农业部 发布

前　言

本标准按照 GB/T 1.1 给出的规则起草。

本标准代替 NY/T 338—1998《天然橡胶初加工机械　五合一压片机》。

本标准与 NY/T 338—1998 相比,主要变化如下:

——增加和删除了部分引用标准;

——增加了术语和定义;

——增加了"5YP-180×845"型号规格;

——对技术要求重新进行了分类、修改和补充;

——增加了接地电阻等指标;

——增加了安全警示标志和产品使用说明书中应有安全操作注意事项和维护保养方面的安全内容
　　等规定;

——增加了材料力学性能、使用可靠性、硬度、尺寸公差、形位公差、漆膜附着力等指标测定方法;

——修改了型式检验项目,增加了安全警示标志、压片质量、辊筒、齿轮、动刀的硬度等指标;

——增加了产品运输和贮存要求。

本标准由农业部农垦局提出。

本标准由农业部热带作物及制品标准化技术委员会归口。

本标准起草单位:中国热带农业科学院农业机械研究所、农业部热带作物机械质量监督检验测试中心、云南省热带作物机械厂。

本标准主要起草人:李明、王金丽、严森、卢敬铭、郑勇。

本标准所代替标准的历次版本发布情况为:

——NY/T 338—1998。

天然橡胶初加工机械 五合一压片机

1 范围

本标准规定了天然橡胶初加工机械五合一压片机的术语和定义、型号规格和主要技术参数、技术要求、试验方法、检验规则及标志、包装、运输与贮存要求。

本标准适用于天然橡胶初加工机械五合一压片机。天然橡胶初加工机械四合一压片机也可参照使用。

2 规范性引用文件

下列文件对于本文件的应用是必不可少的。凡是注日期的引用文件,仅注日期的版本适用于本文件。凡是不注日期的引用文件,其最新版本(包括所有的修改单)适用于本文件。

GB/T 230.1 金属洛氏硬度试验 第1部分 试验方法(A、B、C、D、E、F、G、H、K、N、T标尺)

GB/T 231.1 金属布氏硬度试验 第1部分:试验方法

GB/T 699 优质碳素结构钢

GB/T 1031 产品几何技术规范(GPS)表面结构 轮廓法表面粗糙度参数及其数值

GB/T 1184 形状和位置公差 未注公差值

GB/T 1348 球墨铸铁件

GB/T 1800.2 产品几何技术规范(GPS)极限与配合 第2部分:标准公差等级和孔、轴极限偏差表

GB/T 1958 产品几何量技术规范(GPS)形状和位置公差 检测规定

GB/T 2828.1 计数抽样检验程序 第1部分:按接收质量限(AQL)检索的逐批检验抽样计划

GB/T 3177 产品几何技术规范(GPS)光滑工件尺寸的检验

GB/T 3768 声学 声压法测定噪声源声功率级 反射面上方采用包络测量表面的简易法

GB/T 5226.1 机械电气安全 机械电气设备 第1部分:通用技术条件

GB/T 8196 机械安全 防护装置 固定式和活动式防护装置设计与制造一般要求

GB/T 9439 灰铸铁件

GB/T 10095.1 渐开线圆柱齿轮精度 第1部分:齿轮同侧齿面偏差的定义和允许值

GB 10396 农林拖拉机和机械、草坪和园艺动力机械 安全标志和危险图形 总则

GB/T 10610 产品几何技术规范(GPS)表面结构 轮廓法 评定表面结构的规则和方法

JB/T 9832.2 农林拖拉机及机具 漆膜附着力性能测定法 压切法

NY/T 408—2000 天然橡胶初加工机械产品质量分等

NY/T 409—2000 天然橡胶初加工机械通用技术条件

NY/T 1036—2006 热带作物机械 术语

3 术语和定义

下列术语和定义适用于本文件。

3.1

压片 sheeting

将胶乳凝块滚压、脱水、压薄成胶片的工艺。

[NY/T 1036—2006,定义2.1.4]

3.2

五合一压片机 **five in one roll mill**
滚压装置由五对辊筒组成的压片机。
[NY/T 1036—2006,定义 2.2.11]

4 型号规格和主要技术参数

4.1 型号规格表示方法

产品型号规格编制应符合 NY/T 409—2000 中 4.1 的规定,由机名代号和主要参数等组成,表示如下:

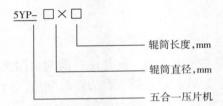

5YP- □ × □

辊筒长度,mm
辊筒直径,mm
五合一压片机

示例:

5YP-150×650 表示五合一压片机,辊筒直径为 150 mm,辊筒长度为 650 mm。

4.2 型号规格和主要技术参数

产品型号规格和主要技术参数见表 1。

表 1 型号规格和主要技术参数

项 目		型号规格		
		5YP-150×650	5YP-150×700	5YP-180×845
辊筒数量		5	5	5
辊筒外形尺寸(直径×长度),mm		150×650	150×700	180×845
辊筒花纹	第1~4对	36 头梅花形	36 头梅花形	第1对~第3对:正 16 棱柱形;第4对光辊
	第5对	35 头方牙螺丝形	35 头方牙螺丝形	31 头方牙螺纹形
辊筒转速,r/min	第1对	108	79	70
	第2对	121	88	79
	第3对	137	100	91
	第4对	171	125	107
	第5对	137	100	98
辊筒间隙,mm	第1对	4.5~5.0	2.5~3.0	2.5~3.0
	第2对	2.5~3.0	1.5~2.0	1.5~2.0
	第3对	1.5~2.0	1.0~1.5	1.0~1.5
	第4对	0.5~0.7	0.25~0.5	0.25~0.5
	第5对	0.1~0.2	0~0.05	0~0.05
辊压凝块最大尺寸(厚度×宽度),mm		35×280	35×280	35×400
辊压后胶片厚度,mm		2.5~3.5	2.5~3.5	2.5~3.5
生产率,kg/h(干胶)		600	400	600
电动机功率,kW		3.0	3.0	4.0

5 技术要求

5.1 一般要求

5.1.1 应按批准的图样和技术文件制造。

5.1.2 运转应平稳,不应有异响;滑动、转动部位应运转灵活、平稳、无阻滞现象。

5.1.3 使用可靠性应不小于 95%。

5.1.4 空载噪声应不大于 85 dB(A)。

5.1.5 运转时各轴承的温度不应有骤升现象,空载时轴承温升应不大于 30℃,负载时轴承温升应不大于 40℃;减速箱不应有渗漏现象,润滑油的最高温度应不高于 70℃。

5.2 主要零部件

5.2.1 辊筒

5.2.1.1 辊筒体应采用力学性能不低于 GB/T 9439 规定的 HT200 材料制造,不应有裂纹,外表面的砂眼、气孔直径和深度均不大于 1.5 mm,数量不应多于 4 个,间距应不小于 50 mm。

5.2.1.2 辊筒工作表面硬度应不低于 150 HB。

5.2.1.3 辊筒轴应采用力学性能不低于 GB/T 699 规定的 45 号钢制造,轴承轴颈直径公差应符合 GB/T 1800.2 中 js7 的规定,表面粗糙度不低于 GB/T 1031 中的 Ra 3.2 的规定;同轴度应符合 GB/T 1184 中 8 级精度的规定。

5.2.2 轴承座

5.2.2.1 应采用力学性能不低于 GB/T 9439 规定的 HT150 材料制造,内孔尺寸公差应符合 GB/T 1800.2 中 J7 的规定。

5.2.2.2 不应有裂纹、砂眼、气孔等缺陷。

5.2.3 齿轮

5.2.3.1 应采用力学性能不低于 GB/T 1348 规定的 QT 450—10 材料制造,齿面硬度应不低于 200 HB。

5.2.3.2 加工精度应不低于 GB/T 10095.1 规定的 9 级精度。

5.2.4 动刀和定刀

5.2.4.1 应采用力学性能不低于 GB/T 699 规定的 45 号钢制造。

5.2.4.2 动刀和定刀的接头装配应平整,其平面度不大于 0.20 mm。

5.2.4.3 动刀和定刀的刀刃表面硬度应为 50 HRC～60 HRC。

5.3 装配

5.3.1 所有零部件应检验合格;外购件、协作件应有合格证明文件并经检验合格后方可进行装配。

5.3.2 动刀与定刀的间隙应为 0.02 mm～0.15 mm。

5.4 外观和涂漆

5.4.1 表面不应有明显的凸起、凹陷、粗糙不平和损伤等缺陷。

5.4.2 涂层采用喷漆方法,色泽应均匀,平整光滑。

5.4.3 漆层的漆膜附着力应符合 JB/T 9832.2 中 2 级 3 处的规定。

5.5 铸锻件

铸锻件质量应符合 NY/T 409—2000 中 5.3 的规定。

5.6 焊接件

焊接件质量应符合 NY/T 409—2000 中 5.4 的规定。

5.7 安全防护

5.7.1 在醒目部位固定安全警示标志,安全警示标志应符合 GB 10396 的规定。

5.7.2 产品使用说明书的内容应有安全操作注意事项和维护保养方面的要求。

5.7.3 外露转动部件应有安全防护装置,并符合 GB/T 8196 的规定。

5.7.4 应有可靠的接地保护装置,接地电阻应不大于10Ω。

5.7.5 电气设备应符合GB/T 5226.1的规定,并有合格证。

6 试验方法

6.1 空载试验

6.1.1 试验应在总装检验合格后进行。

6.1.2 连续运转时间应不少于2h。

6.1.3 试验项目、方法和要求见表2。

表2 空载试验项目、方法和要求

序号	试验项目	测定方法	标准要求
1	工作平稳性及异响	感官	符合5.1.2的规定
2	轴承温升、减速箱油温及渗漏油情况	测温仪器、目测	符合5.1.5的规定
3	噪声	按GB/T 3768的规定	符合5.1.4的规定

6.2 负载试验

6.2.1 试验应在空载试验合格后进行。

6.2.2 连续运转时间应不少于2h。

6.2.3 试验项目、方法和要求见表3。

表3 负载试验项目、方法和要求

序号	试验项目	测定方法	标准要求
1	工作平稳性及异响	感官	符合5.1.2的规定
2	轴承温升、减速箱油温及渗漏油情况	测温仪器、目测	符合5.1.5的规定
3	安全警示标志	目测	符合5.7.1的规定
4	接地电阻	接地电阻测试仪器	符合5.7.4的规定
5	压片质量	测量压片厚度	符合4.2的规定
6	生产率	按NY/T 408的规定	符合4.2的规定

6.3 其他指标测定方法

6.3.1 材料力学性能应按GB/T 9439、GB/T699、GB/T1348规定的方法测定。

6.3.2 使用可靠性应按NY/T 408—2000中4.3规定的方法测定。

6.3.3 洛氏硬度应按GB/T 230.1规定的方法测定。

6.3.4 布氏硬度应按GB/T 231.1规定的方法测定。

6.3.5 尺寸公差应按GB/T 3177规定的方法测定。

6.3.6 形位公差应按GB/T 1958规定的方法测定。

6.3.7 表面粗糙度参数应按GB/T 10610规定的方法测定。

6.3.8 漆膜附着力应按JB/T 9832.2规定的方法测定。

7 检验规则

7.1 出厂检验

7.1.1 出厂检验应实行全检,产品需经制造厂质检部门检验合格并签发"产品合格证"后才能出厂。

7.1.2 出厂检验项目及要求:

　　——外观和涂漆质量应符合5.4的规定;

——装配质量应符合 5.3 的规定；

——安全防护应符合 5.7 的规定；

——空载试验应符合 6.1 的规定。

7.1.3 用户有要求时,应进行负载试验,负载试验应符合 6.2 的规定。

7.2 型式检验

7.2.1 有下列情况之一时,应进行型式检验：

——新产品生产或产品转厂生产；

——正式生产后,结构、材料、工艺等有较大改变,可能影响产品性能；

——正常生产时,定期或周期性抽查检验；

——产品长期停产后恢复生产；

——出厂检验发现与本标准有较大差异；

——质量监督机构提出进行型式检验要求。

7.2.2 型式检验应采用随机抽样,抽样方法按 GB/T 2828.1 中正常检查一次抽样方案确定。

7.2.3 样本应在 12 个月内生产的产品中随机抽取。抽样检查批量应不少于 3 台,样本大小为 2 台,应在生产企业成品库或销售部门抽取,零部件在零部件成品库或装配线上已检验合格的零部件中抽取,也可在样机上拆取。

7.2.4 型式检验项目、不合格分类见表 4。

表 4 型式检验项目、不合格分类

不合格分类	检验项目	样本数	项目数	检查水平	样本大小字码	AQL	Ac	Re
A	1. 生产率及压片质量 2. 安全防护及安全警示标志 3. 使用可靠性	2	3	S-Ⅰ	A	6.5	0	1
B	1. 空载噪声 2. 辊筒、齿轮、动刀和定刀硬度 3. 轴承温升、油温和渗漏油 4. 辊筒质量和间隙 5. 轴承与孔、轴配合精度	2	5	S-Ⅰ	A	25	1	2
C	1. 定刀与动刀间隙 2. 调节工作可靠性 3. 漆膜附着力 4. 外观质量 5. 标志和技术文件		5			40	2	3

注：AQL 为合格质量水平,Ac 为合格判定数,Re 为不合格判定数。

7.2.5 判定规则：评定时采用逐项检验考核,A、B、C 各类的不合格总数小于等于 Ac 为合格,大于等于 Re 为不合格。A、B、C 各类均合格时,该批产品为合格品,否则为不合格品。

8 标志、包装、运输和贮存

按 NY/T 409—2000 中第 8 章的规定。

ICS 65.060.99
B 90

中华人民共和国农业行业标准

NY/T 341—2012
代替 NY/T 341—1998

剑麻加工机械　制绳机

Machinery for sisal hemp processing—Rope layer

2012-06-06 发布

2012-09-01 实施

中华人民共和国农业部 发布

前　言

本标准按照 GB/T 1.1—2009 给出的规则起草。

本标准代替 NY/T 341—1998《剑麻加工机械　制绳机》。

本标准与 NY/T 341—1998 相比,主要变化如下:

——增加和删除了部分引用标准(见第 2 章,1998 版第 2 章);

——增加与修改了部分术语和定义(见第 3 章,1998 版第 2 章);

——对技术要求重新进行了分类、修改和补充(见第 5 章,1998 版第 5 章);

——增加了使用可靠性、接地电阻等指标(见 5.1.3 和 5.7.4);

——增加了安全警示标志和产品使用说明书中应有安全操作注意事项和维护保养方面的安全内容
等规定(见 5.7.1 和 5.7.2);

——增加了生产率、使用可靠性、尺寸公差、形位公差、硬度等指标具体测定方法(见 6.3);

——修改了型式检验项目,主要是增加了安全警示标志、使用可靠性、撑杆质量等指标,取消零部件
结合表面尺寸等检验项目(见 7.2.5,1998 版 7.2.3);

——增加了对产品运输和贮存的要求(见第 8 章)。

本标准由中华人民共和国农业部农垦局提出。

本标准由农业部热带作物及制品标准化技术委员会归口。

本标准起草单位:中国热带农业科学院农业机械研究所、农业部热带作物机械质量监督检验测试中
心、广东省湛江农垦第二机械厂。

本标准主要起草人:李明、王金丽、黄贵国、郑勇、卢敬铭。

本标准所代替标准的历次版本发布情况为:

——NY/T 341—1998。

剑麻加工机械 制绳机

1 范围

本标准规定了剑麻加工机械制绳机的术语和定义、型号规格和主要技术参数、技术要求、试验方法、检验规则及标志、包装、运输与贮存要求。

本标准适用于剑麻制绳机，也适用于其他纤维制绳机。

2 规范性引用文件

下列文件对于本文件的应用是必不可少的。凡是注日期的引用文件，仅注日期的版本适用于本文件。凡是不注日期的引用文件，其最新版本（包括所有的修改单）适用于本文件。

GB/T 230.1 金属洛氏硬度试验 第1部分：试验方法（A、B、C、D、E、F、G、H、K、N、T标尺）

GB/T 1184 形状和位置公差 未注公差值

GB/T 1800.2 产品几何技术规范（GPS）极限与配合 第2部分：标准公差等级和孔、轴极限偏差表

GB/T 1958 产品几何量技术规范（GPS）形状和位置公差 检测规定

GB/T 2828.1 计数抽样检验程序 第1部分：按接收质量限（AQL）检索的逐批检验抽样计划

GB/T 3177 产品几何技术规范（GPS）光滑工件尺寸的检验

GB/T 3768 声学 声压法测定噪声源声功率级 反射面上方采用包络测量表面的简易法

GB/T 5226.1 机械电气安全 机械电气设备 第1部分：通用技术条件

GB/T 8196 机械安全 防护装置 固定式和活动式防护装置设计与制造一般要求

GB/T 10089 圆柱蜗杆、蜗轮精度

GB 10396 农林拖拉机和机械、草坪和园艺动力机械 安全标志和危险图形 总则

GB/T 15029 剑麻白棕绳

GB/T 15032—2008 制绳机械设备通用技术条件

GB/Z 18620.2—2008 圆柱齿轮检验实施规范 第2部分：径向综合偏差、径向跳动、齿厚和侧隙的检验

JB/T 9832.2 农林拖拉机及机具 漆膜附着力性能测定法 压切法

NY/T 407—2000 剑麻加工机械产品质量分等

NY/T 1036—2006 热带作物机械 术语

3 术语和定义

下列术语和定义适用于本文件。

3.1

加捻 twisting

使麻条、纱条、股条或绳索沿轴向作同一方向回转的操作。

［NY/T 1036—2006，定义3.1.3］

3.2

捻度 twist

纱条、股条或绳索沿轴向单位长度的捻回数。

［NY/T 1036—2006，定义3.1.5］

3.3

正捻 S twist

S 型 S twist

纱条、股条或绳索的倾斜方向与字母"S"的中部相一致的捻向。

[NY/T 1036—2006,定义3.1.8]

3.4

反捻 Z twist

Z 型 Z twist

纱条、股条或绳索的倾斜方向与字母"Z"的中部相一致的捻向。

[NY/T 1036—2006,定义3.1.9]

3.5

制绳机 rope laying machine

将数根一定规格的股条以股条相反的捻向加捻成绳索或将一定规格、相同数量的 Z 捻与 S 捻股条按照一定规则编织成绳索的机械。

[NY/T 1036—2006,定义3.2.15]

3.6

恒锭制绳机 stationary spindle rope layer

在加捻过程中,股饼架(摇蓝)不随机器主轴转动的制绳机。

[NY/T 1036—2006,定义3.2.18]

3.7

转锭制绳机 rotary spindle rope laying machine

在加捻过程中,股饼架除绕自身轴心线旋转外,还跟随框架轮绕机器主轴转动的制绳机。

[NY/T 1036—2006,定义3.1.19]

4 型号规格和主要技术参数

4.1 型号规格的编制方法

产品型号规格的编制应符合 GB/T 15032—2008 中 4.1 的规定。

4.2 型号规格表示方法

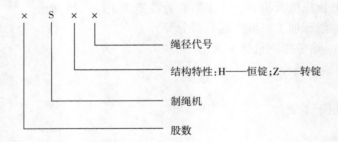

示例:

3SH5 表示 5 号 3 股恒锭制绳机,3 为股数,5 为绳径代号,其绳径范围为 6 mm～14 mm。

4.3 绳径代号及范围

绳径代号及范围如表1。

表 1 绳径代号及范围

代　号	7	6	5	4	3	2	1
绳径范围,mm	3～5	4～10	6～14	14～22	24～32	34～46	48～64

4.4 型号规格和主要技术参数

型号规格和主要技术参数见表2。

表2 型号规格和主要技术参数

类别	名 称	型 号	绳径范围 mm	主轴转速 r/min	电动机功率 kW	生产率 kg/h
恒锭	7号3股恒锭制绳机	3SH7	3～5	840	3.0	4～18
	7号4股恒锭制绳机	4SH7	3～5	840	3.0	3～15
	6号3股恒锭制绳机	3SH6	4～10	650	3.0	6～34
	6号4股恒锭制绳机	4SH6	4～10	650	4.0	4～32
	5号3股恒锭制绳机	3SH5	6～14	500	5.5	21～87
	5号4股恒锭制绳机	4SH5	6～14	500	5.5	19～78
	4号3股恒锭制绳机	3SH4	14～22	350	7.5	60～230
	4号4股恒锭制绳机	4SH4	14～22	350	7.5	54～210
	3号3股恒锭制绳机	3SH3	24～32	200	11.0	200～460
转锭	5号3股转锭制绳机	3SZ5	6～14	180	3.0	10～47
	5号4股转锭制绳机	4SZ5	6～14	180	3.0	9.5～42
	4号3股转锭制绳机	3SZ4	14～22	150	4.0	32～120
	4号4股转锭制绳机	4SZ4	14～22	150	4.0	28～100
	3号3股转锭制绳机	3SZ3	24～32	100	5.5	90～210
	3号4股转锭制绳机	4SZ3	24～32	100	5.5	80～180
	2号3股转锭制绳机	3SZ2	34～46	90	5.5	180～410
	2号4股转锭制绳机	4SZ2	34～46	90	5.5	170～390
	1号3股转锭制绳机	3SZ1	48～64	60	11.0	300～700
	1号6股转锭制绳机	6SZ1	48～64	60	11.0	230～610

5 技术要求

5.1 基本要求

5.1.1 应按批准的图样和技术文件制造。

5.1.2 运转应平稳,不应有异常撞击声;滑动、转动部位应运转灵活、平稳、无阻滞现象。

5.1.3 使用可靠性应不小于95%。

5.1.4 空载噪声应不大于87 dB(A)。

5.1.5 应具有制造正反捻向、多种捻度绳索的性能。

5.1.6 应设有绳索长度显示装置,转速200 r/min以上的制绳机应具有性能可靠的制动装置。

5.1.7 离合器分离与结合应灵敏可靠。

5.1.8 阻尼装置应灵敏可靠,调节方便。

5.1.9 股饼装卸和卷绕绳装置应便于操作,安全可靠。

5.1.10 运转时,各轴承的温度不应有骤升现象;空载时,轴承温升应不大于30℃;负载时,轴承温升应不大于40℃。减速箱不应有渗漏现象。润滑油的最高温度应不大于65℃。

5.1.11 排绳装置应具有排列整齐的性能。

5.1.12 制绳质量应符合GB/T 15029的规定。

5.2 主要零部件

5.2.1 主轴、半轴的轴承轴颈直径公差应符合GB/T 1800.2中k6的规定,各轴颈同轴度应符合GB/T 1184中7级精度的规定。

5.2.2 轴承座内孔尺寸公差应符合GB/T 1800.2中M6的规定,轴承内孔中心线与底面的平行度应符合 GB/T 1184 中 9 级的规定。

5.2.3 齿轮齿面硬度:转速低于 1 000 r/min 的应为 24 HRC～28 HRC,转速高于 1 000 r/min 的应为 40 HRC～50 HRC。

5.2.4 撑杆直线度应符合 GB/T 1184 中 8 级的规定,撑杆长度偏差应符合 GB/T 1800.2 中 js7 的规定。

5.3 装配

5.3.1 外购件、协作件应有合格证,所有零部件应检验合格。

5.3.2 齿轮接触斑点,沿齿高方向应不小于 30%,沿齿宽方向应不小于 40%。

5.3.3 齿轮副最小侧隙应符合 GB/Z 18620.2—2008 中附录 A 的规定。

5.3.4 蜗轮副侧隙应符合 GB/T 10089 中 8 级的规定。

5.3.5 齿轮副轴向错位应不大于 1.5 mm。

5.3.6 制动法兰径向圆跳动公差应符合 GB/T 1184.2 中 9 级的规定。

5.4 外观和涂漆

5.4.1 表面不应有明显的凸起、凹陷、粗糙不平和损伤等缺陷。

5.4.2 涂层采用喷漆方法,色泽应均匀,平整光滑。

5.4.3 漆膜附着力应符合 JB/T 9832.2 中 2 级 3 处的规定。

5.5 铸件

铸件应按 GB/T 15032—2008 中 5.5 的规定。

5.6 焊接件

焊接件应按 GB/T 15032—2008 中 5.6 的规定。

5.7 安全防护

5.7.1 在醒目部位固定安全警示标志,安全警示标志应符合 GB 10396 的要求。

5.7.2 产品使用说明书中应有安全操作注意事项和维护保养方面的安全内容。

5.7.3 外露转动部件应装有安全防护装置,且应符合 GB/T 8196 的规定。

5.7.4 应有可靠的接地保护装置,接地电阻应不大于 10 Ω。

5.7.5 电气设备应符合 GB/T 5226.1 的规定。

5.7.6 机器切断电源后,制动装置的制动时间应小于 10 s。

6 试验方法

6.1 空载试验

6.1.1 试验应在总装检验合格后进行。

6.1.2 连续运转时间应不少于 2 h。

6.1.3 试验项目、方法和要求见表 3。

表 3 空载试验项目、方法和要求

序号	试验项目	测定方法	标准要求
1	工作平稳性及声响	感官	符合 5.1.2 的规定
2	离合器工作可靠性	目测	符合 5.1.7 的规定
3	轴承温升、减速箱油温及渗漏油情况	测温仪器、目测	符合 5.1.10 的规定
4	制动装置工作可靠性	测定切断电源后制动时间	符合 5.7.6 的规定
5	空载噪声	按 GB/T 3768 的规定	符合 5.1.4 的规定

6.2 负载试验

6.2.1 试验应在空载试验合格后进行。

6.2.2 连续运转时间应不少于 2 h。

6.2.3 试验项目、方法和要求见表 4。

表 4 负载试验项目、方法和要求

序号	试验项目	测定方法	标准要求
1	工作平稳性及声响	感官	符合 5.1.2 的规定
2	离合器工作可靠性	目测	符合 5.1.7 的规定
3	轴承温升、减速箱油温及渗漏油情况	测温仪器、目测	符合 5.1.10 的规定
4	制动装置工作可靠性	测定切断电源后制动时间	符合 5.7.6 的规定
5	阻尼、股饼装卸和卷绕绳等装置工作可靠性	目测	符合 5.1.8 和 5.1.9 的规定
6	安全警示标志	目测	符合 5.7.1 的规定
7	接地电阻	接地电阻测试仪器	符合 5.7.4 的规定
8	制绳质量	按 GB/T 15029 的规定	符合 GB/T 15029 和 4.4 的规定
9	生产率	按 NY/T 407—2000 的规定	符合 4.4 的规定

6.3 其他指标测定方法

6.3.1 使用可靠性的测定应按 NY/T 407—2000 中 4.3 规定的方法执行。

6.3.2 洛氏硬度的测定应按 GB/T 230.1 规定的方法执行。

6.3.3 尺寸公差的测定应按 GB/T 3177 规定的方法执行。

6.3.4 形位公差的测定应按 GB/T 1958 规定的方法执行。

6.3.5 漆膜附着力的测定应按 JB/T 9832.2 规定的方法执行。

7 检验规则

7.1 出厂检验

7.1.1 出厂检验应实行全检,产品均需经制造厂质检部门检验合格,并签发"产品合格证"后才能出厂。

7.1.2 出厂检验项目及要求:
——外观和涂漆质量应符合 5.4 的规定;
——装配质量应符合 5.3 的规定;
——安全防护应符合 5.7 的规定;
——空载试验应符合 6.1 的规定。

7.1.3 用户有要求时,可进行负载试验,负载试验应符合 6.2 的规定。

7.2 型式检验

7.2.1 有下列情况之一时,应进行型式检验:
——新产品生产或产品转厂生产;
——正式生产后,结构、材料、工艺等有较大改变,可能影响产品性能;
——正常生产时,定期或周期性抽查检验;
——产品长期停产后恢复生产;
——出厂检验发现与上次型式检验有较大差异;
——质量监督机构提出进行型式检验要求。

7.2.2 型式检验应采用随机抽样,抽样方法按 GB/T 2828.1 中正常检查一次抽样方案确定。

7.2.3 样本应在 24 个月内生产的产品中随机抽取。抽样检查批量应不少于 3 台,样本大小为 2 台。应在生产企业成品库或销售部门抽取,零部件在零部件成品库或装配线上已检验合格的零部件中抽取,也可在样机上拆取。

7.2.4 型式检验项目、不合格分类见表5。

表5 型式检验项目、不合格分类

不合格分类	检验项目	样本数	项目数	检查水平	样本大小字码	AQL	Ac	Re
A	1. 生产率及制绳质量 2. 安全防护及安全警示标志 3. 使用可靠性		3			6.5	0	1
B	1. 空载噪声 2. 齿轮齿面硬度 3. 轴承温升、油温和渗漏油 4. 齿轮副最小侧隙、接触斑点和轴向错位	2	4	S-I	A	25	1	2
C	1. 轴承与孔、轴配合精度 2. 撑杆质量 3. 漆膜附着力 4. 外观质量 5. 标志和技术文件		5			40	2	3
注：AQL为合格质量水平，Ac为合格判定数，Re为不合格判定数。								

7.2.5 判定规则：评定时，采用逐项检验考核。A、B、C各类的不合格总数小于等于Ac为合格，大于等于Re为不合格。A、B、C各类均合格时，该批产品为合格品，否则为不合格品。

8 标志、包装、运输和贮存

应符合 GB/T 15032—2008 中第8章的规定。

————————

ICS 65.060.99
B 90

中华人民共和国农业行业标准

NY/T 342—2012
代替 NY/T 342—1998

剑麻加工机械　纺纱机

Machinery for sisal hemp processing—
Spinning machine

2012-12-07 发布

2013-03-01 实施

中华人民共和国农业部 发布

前　言

本标准按照 GB/T 1.1 给出的规则起草。

本标准代替 NY/T 342—1998《剑麻加工机械　纺纱机》。

本标准与 NY/T 342—1998 相比,主要变化如下:

——增加了型号规格 FL16 和 FL24;

——修改了 FGL36 和 FGL48 产品的主要技术参数;

——增加了阻尼装置、前法兰、后法兰与撑杆的技术要求;

——增加了使用可靠性指标;

——修改了空载和负载试验内容;

——增加了生产率、使用可靠性、尺寸公差、形位公差、硬度、齿轮副和蜗杆副的接触斑点和侧隙、漆膜附着力和纱条不均匀率等指标的试验方法;

——修改了出厂检验内容;

——修改了型式检验要求和判定规则;

——标志和包装按 GB/T 15032—2008 中第 8 章的规定。

本标准由农业部农垦局提出。

本标准由农业部热带作物及制品标准化技术委员会归口。

本标准起草单位:中国热带农业科学院农业机械研究所、广东省湛江农垦第二机械厂。

本标准主要起草人:欧忠庆、张劲、陈进平、张文强。

本标准所代替标准的历次版本发布情况为:

——NY/T 342—1998。

剑麻加工机械　纺纱机

1　范围

本标准规定了剑麻加工机械纺纱机的术语和定义、型号规格和主要技术参数、技术要求、试验方法、检验规则、标志、包装、运输与贮存要求。

本标准适用于将麻条进行牵伸加捻形成纱条的纺纱机。

2　规范性引用文件

下列文件对于本文件的应用是必不可少的。凡是注日期的引用文件,仅注日期的版本适用于本文件。凡是不注日期的引用文件,其最新版本(包括所有的修改单)适用于本文件。

GB/T 1184　形状和位置公差　未注公差值

GB/T 1800.2　产品几何技术规范(GPS)极限与配合　第 2 部分:标准公差等级和孔、轴极限偏差表

GB/T 2828.1　计数抽样检验程序　第 1 部分:按接收质量限(AQL)检索的逐批检验抽样计划

GB/T 3768　声学　声压法测定噪声源声功率级　反射面上方采用包络测量表面的简易法

GB/T 10089　圆柱蜗杆、蜗轮精度

GB/T 15032—2008　制绳机械设备通用技术条件

GB/T 18620.2—2008　圆柱齿轮　检验实施规范　第 2 部分:径向综合偏差、径向跳动、齿厚和侧隙的检验

JB/T 9050.2　圆柱齿轮减速器接触斑点测定方法

NY/T 247　剑麻纱线细度均匀度的测定　片段长度称重法

NY/T 255　剑麻纱

NY/T 457　农用剑麻纱

NY/T 1036　热带作物机械　术语

3　术语和定义

GB/T 15032—2008 和 NY/T 1036 界定的以及下列术语和定义适用于本文件。

3.1

牵伸　draging

纤维束在长度方向上相互间产生滑移拉长变细。

[GB/T 15032—2008,定义 3.2]

3.2

牵伸倍数　dragging multiple

纤维束牵伸后与牵伸前的长度之比。

[NY/T 1036—2006,定义 3.1.2]

4　型号规格和主要技术参数

4.1　型号规格表示方法

产品型号规格编制应符合 GB/T 15032—2008 的规定,由机名代号、结构特性和主参数等组成,表示如下:

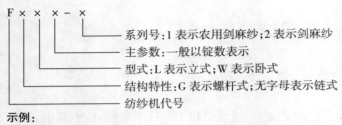

系列号：1表示农用剑麻纱；2表示剑麻纱
主参数：一般以锭数表示
型式：L表示立式；W表示卧式
结构特性：G表示螺杆式；无字母表示链式
纺纱机代号

示例：

FGL16-1表示纺制农用剑麻纱的16锭螺杆结构立式纺纱机。

4.2 型号规格和主要技术参数

产品型号规格和主要技术参数见表1。

表1 型号规格和主要技术参数

类别	名称	型号	纱条规格		牵伸倍数	纱饼尺寸 mm	锭翼转速 r/min	电机功率 kW	生产率 kg/h
			单位质量长度 m/kg	线密度 ktex					
卧式	单锭纺纱机	FW1	150～300	6.67～3.33	—	φ260×240	540	0.55	1.4～3.0
	双锭纺纱机	FW2	150～300 400～600	6.67～3.33 2.50～1.25	5.7	φ200×270	1 200	3.0	8～13 2～4
立式	8锭纺纱机	FL8	150～300	6.67～3.33	5.7～8.0	φ200×270	1 500	8.1	32～48
	12锭纺纱机	FGL12-1	150～300	6.67～3.33	5.7～8.0	φ200×270	1 500	11.6	40～60
	12锭纺纱机	FGL12-2	400～800	2.50～1.25	8.0	φ90×198	2 000	5.1	15～20
	16锭纺纱机	FL16	150～300	2.50～1.25	7.8～11.0	φ185×270	1 800	14.2	20～70
	16锭纺纱机	FGL16-1	150～300	6.67～3.33	6.0～8.0	φ200×270	1 500	15.2	50～70
	16锭纺纱机	FGL16-2	400～800	2.50～1.25	6.0～8.0	φ125×210	2 000	8.1	20～27
	24锭纺纱机	FL24	200～330 330～800	5.26～3.22 3.22～1.25	9.4～19.1	φ175×290 φ125×240	1 200 2 200	17.2 13.2	40～65 30～40
	36锭纺纱机	FGL36	100～350	10.0～2.86	6.0～8.0	φ200×270	≥2 000	30.2	120～170
	48锭纺纱机	FGL48	400～1 000	2.50～1.0	8.0～16.0	φ125×270	≥2 500	30.2	50～85

5 技术要求

5.1 一般要求

5.1.1 应按经批准的图样及技术文件制造。

5.1.2 纺制的农用剑麻纱和剑麻纱应分别符合 NY/T 457 和 NY/T 255 的要求。

5.1.3 阻尼装置应灵敏可靠，调节方便。

5.1.4 空载噪声应不大于 87 dB(A)。

5.1.5 使用可靠性应不小于90%。

5.1.6 运行时间应不少于2 h,空载时滑动轴承温升应不大于30℃,滚动轴承温升应不大于40℃;负载时滑动轴承温升应不大于35℃,滚动轴承温升应不大于45℃。

5.1.7 运行过程中,减速器等各密封部位不应有渗漏现象,减速箱油温应不高于60℃。

5.1.8 锭翼转速1 500 r/min以上的纺纱机应配备变频装置。

5.1.9 铸锻件质量和焊接件质量应符合GB/T 15032—2008的有关规定。

5.1.10 纱条不匀率不大于8%。

5.2 主要零部件

5.2.1 罗拉轴和锭翼轴

轴颈尺寸公差应符合GB/T 1800.2中k6的规定,同轴度应符合GB/T 1184中7级的规定。

5.2.2 双头凸轮

工作表面硬度应为40 HRC～50 HRC。

5.2.3 针板轨道

硬度应为24 HRC～28 HRC。

5.2.4 减速箱

5.2.4.1 蜗轮副精度应不低于GB/T 10089中8C的规定。

5.2.4.2 齿轮副最小侧隙应符合GB/T 18620.2—2008中附录A的要求。

5.2.5 前法兰和后法兰

轴颈尺寸公差均应符合GB/T 1800.2中k7的规定。

5.2.6 撑杆

两撑杆长度偏差应不大于0.05 mm。

5.2.7 齿轮

齿面硬度:齿轮转速不高于1 000 r/min的为24 HRC～28 HRC;齿轮转速高于1 000 r/min的为40 HRC～50 HRC。

5.3 外观和涂漆

外观和涂漆质量应分别符合GB/T 15032—2008中5.3和5.4的规定。

5.4 装配

5.4.1 应符合GB/T 15032—2008中5.8的规定。

5.4.2 梳针应排列整齐,不松动,不应有锈蚀、断头、钩头等现象。其高低差应不大于2 mm,相邻梳针顶部间距偏差应不大于2 mm。

5.4.3 排线装置在运行过程中应无卡滞现象。

5.4.4 锭盘径向圆跳动量应符合GB/T 1184中8级的规定。

5.4.5 总装后,前法兰和后法兰的径向跳动量均应不大于0.12 mm。

5.5 安全防护

应符合GB/T 15032—2008中5.2的规定。

6 试验方法

6.1 空载试验

6.1.1 空载试验应在总装检验合格后进行。

6.1.2 在额定转速下连续运转时间应不少于2 h。

6.1.3 空载试验项目、方法和要求见表2。

表2 空载试验项目、方法和要求

试验项目	试验方法	标准要求
工作平稳性及异响	感观	符合GB/T 15032—2008中5.8.3的规定
排线装置运行情况	目测	符合5.4.3的规定
空载噪声	按GB/T 3768规定	符合5.1.4的规定
轴承温升	测温仪器测量	符合5.1.6的规定
减速箱渗漏油和油温	目测、测温仪器测量	符合5.1.7的规定

6.2 负载试验

6.2.1 负载试验应在空载试验合格后进行。

6.2.2 在额定转速及满负荷条件下,连续运转时间不少于2 h。

6.2.3 负载试验项目、方法和要求见表3。

表3 负载试验项目、方法和要求

试验项目	试验方法	标准要求
工作平稳性及异响	感观	符合GB/T 15032—2008中5.8.3的规定
排线装置运行情况	目测	符合5.4.3的规定
阻尼装置工作情况	感观	符合5.1.3的规定
轴承温升	测温仪器测量	符合5.1.6的规定
减速箱渗漏油和油温	目测、测温仪器测量	符合5.1.7的规定
生产率	按GB/T 15032—2008中6.3.1的规定	符合4.2中表1的规定
纺纱质量	按NY/T 457和NY/T 255及有关标准测定	符合4.2中表1的规定

6.3 其他试验

6.3.1 生产率、使用可靠性、尺寸公差、形位公差、硬度和漆膜附着力应按GB/T 15032—2008中6.3规定的方法测定。

6.3.2 齿轮副接触斑点和侧隙应分别按JB/T 9050.2和GB/T 18620.2规定的方法测定;蜗杆副接触斑点和侧隙应按GB/T 10089规定的方法测定。

6.3.3 纱条不均率应按NY/T 247规定的方法测定。

7 检验规则

7.1 出厂检验

7.1.1 出厂检验实行全检,取得合格证后方可出厂。

7.1.2 出厂检验项目及要求:
——外观和涂漆应符合5.3的规定;
——装配应符合5.4的规定;
——安全防护应符合5.5的规定;
——空载试验应符合6.1的规定。

7.1.3 用户有要求时,可进行负载试验,负载试验应符合6.2的规定。

7.2 型式检验

7.2.1 有下列情况之一时,应进行型式检验:
——新产品生产或产品转厂生产;

——正式生产后,结构、材料、工艺等有较大改变,可能影响产品性能;

——正常生产时,定期或周期性抽查检验;

——产品长期停产后恢复生产;

——出厂检验结果与上次型式检验有较大差异;

——质量监督机构提出进行型式检验要求。

7.2.2 型式检验应采用随机抽样,抽样方法按 GB/T 2828.1 中正常检查一次抽样方案确定。

7.2.3 样本应在 12 个月内生产的产品中随机抽取。抽样检查批量应不少于 3 台,样本大小为 2 台。

7.2.4 样本应在生产企业成品库或销售部门抽取,零部件在零部件成品库或装配线上已检验合格的零部件中抽取。

7.2.5 型式检验项目、不合格分类见表 4。

表 4 检验项目、不合格分类

不合格分类	检验项目	样本数	项目数	检查水平	样本大小字码	AQL	Ac	Re
A	1. 生产率和纱条不匀率 2. 使用可靠性 3. 安全防护	2	3	S-I	A	6.5	0	1
B	1. 双头凸轮工作表面、针板轨道和齿轮齿面硬度 2. 噪声 3. 轴承温升、油温和渗漏油 4. 前、后法兰的径向跳动量和其轴颈尺寸偏差 5. 排线装置运行情况		5			25	1	2
C	1. 两撑杆长度偏差 2. 蜗轮副侧隙精度 3. 外观和涂漆 4. 漆膜附着力 5. 标志和技术文件		5			40	2	3
注:AQL 为合格质量水平,Ac 为合格判定数,Re 为不合格判定数。								

7.2.6 判定规则

评定时采用逐项检验考核,A、B、C 各类的不合格总数小于等于 Ac 为合格,大于等于 Re 为不合格。A、B、C 各类均合格时,该批产品为合格品,否则为不合格品。

8 标志、包装、运输及贮存

按 GB/T 15032—2008 中第 8 章的规定。

ICS 65.060
B 95

中华人民共和国农业行业标准

NY/T 381—2012
代替 NY/T 381—1999

天然橡胶初加工机械 压薄机

Machinery for primary processing of natural rubber—Crusher

2012-06-06 发布 2012-09-01 实施

中华人民共和国农业部 发布

前　言

本标准按照 GB/T 1.1—2009 给出的规则起草。

本标准代替 NY/T 381—1999《天然橡胶初加工机械　压薄机》。

本标准与 NY/T 381—1999 相比,主要技术内容变化如下:

——前言部分增加了天然橡胶初加工机械系列标准(见前言);

——扩大了压薄机主要技术参数范围(见 3.3);

——增加了基本要求(见 4.1);

——删除了主要零部件(辊筒、轴承座和左右机架);

——增加了装配质量要求(见 4.3);

——增加了外观和涂漆要求(见 4.4);

——增加了安全防护要求、试验方法和检验规则(见 4.5 和第 5 章与第 6 章)。

本标准是天然橡胶初加工机械系列标准之一。该系列标准的其他标准是:

——NY 228—1994　标准橡胶打包机技术条件;

——NY/T 262—2003　天然橡胶初加工机械　绉片机;

——NY/T 263—2003　天然橡胶初加工机械　锤磨机;

——NY/T 338—1998　天然橡胶初加工机械　五合一压片机;

——NY/T 339—1998　天然橡胶初加工机械　手摇压片机;

——NY/T 340—1998　天然橡胶初加工机械　洗涤机;

——NY/T 408—2000　天然橡胶初加工机械产品质量分等;

——NY/T 409—2000　天然橡胶初加工机械　通用技术条件;

——NY/T 460—2010　天然橡胶初加工机械　干燥车;

——NY/T 461—2010　天然橡胶初加工机械　推进器;

——NY/T 462—2001　天然橡胶初加工机械　燃油炉;

——NY/T 926—2004　天然橡胶初加工机械　撕粒机;

——NY/T 927—2004　天然橡胶初加工机械　碎胶机;

——NY/T 1557—2007　天然橡胶初加工机械　干搅机;

——NY/T 1558—2007　天然橡胶初加工机械　干燥设备。

本标准由中华人民共和国农业部农垦局提出。

本标准由农业部热带作物及制品标准化技术委员会归口。

本标准起草单位:中国热带农业科学院农产品加工研究所。

本标准主要起草人:朱德明、钱建英、陆衡湘、邓维用、陈成海、静玮。

本标准所代替标准的历次版本发布情况为:

——NY/T 381—1999。

天然橡胶初加工机械　压薄机

1　范围

本标准规定了天然橡胶初加工机械压薄机的产品型号规格、主要技术参数、技术要求、试验方法、检验规则及标志、包装、运输和贮存等要求。

本标准适用于天然橡胶初加工机械压薄机的设计制造及质量检验。

2　规范性引用文件

下列文件对于本文件的应用是必不可少的。凡是注日期的引用文件，仅注日期的版本适用于本文件。凡是不注日期的引用文件，其最新版本（包括所有的修改单）适用于本文件。

GB/T 230.1　金属材料　洛氏硬度试验　第1部分:试验方法(A、B、C、D、E、F、G、H、K、N、T标尺)

GB/T 699　优质碳素结构钢

GB/T 700　碳素结构钢

GB/T 1031　产品几何技术规范(GPS)表面结构　轮廓法　表面粗糙度参数及其数值

GB/T 1184　形状和位置公差　未注公差值

GB/T 1800.2　产品几何技术规范(GPS)极限与配合　第2部分:标准公差等级和孔、轴极限偏差表

GB/T 1801　产品几何技术规范(GPS)极限与配合　公差带和配合的选择

GB/T 1804—2000　一般公差　未注公差的线性和角度尺寸的公差

GB/T 2828.1　计数抽样检验程序　第1部分:按接受质量限(AQL)检索的逐批检验抽样计划

GB 5226.1　机械电气安全　机械电气设备　第1部分:通用技术条件

GB 8196　机械安全　防护装置　固定式和活动式防护装置设计与制造一般要求

GB/T 9439　灰铸铁件

GB/T 10095.1—2008　圆柱齿轮　精度制　第1部分:轮齿同侧齿面偏差

GB/T 11352　一般工程用铸造碳钢件

JB/T 9832.2　农林拖拉机及机具漆膜附着力性能测定法　压切法

NY/T 408—2000　天然橡胶初加工机械　产品质量分等

NY/T 409—2000　天然橡胶初加工机械　通用技术条件

3　产品型号规格及主要技术参数

3.1　型号规格的编制方法

产品型号规格的编制方法应符合NY/T 409的规定。

3.2　型号规格表示方法

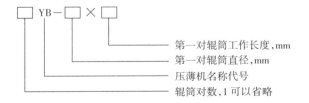

示例:

2YB—520×600 表示两对辊筒压薄机，其第一对辊筒直径为520 mm，第一对辊筒工作长度为600 mm。

3.3 主要技术参数

主要技术参数见表1。

表1 主要技术参数

项 目	技 术 参 数		
型 号	YB—450×650	2YB—500×500	2YB—520×600
生产率,kg/h(干胶)	1 800	2 500	4 000
第一对辊筒直径,mm	390～530		
第一对辊筒长度,mm	400～600		
第二对辊筒直径,mm	340～400		
第二对辊筒长度,mm	500～730		
第一对辊筒上辊转速,r/min	4～7		
第二对辊筒上辊转速,r/min	9～15.6		
第一对辊筒速比(上辊/下辊)	1.0～1.15		
第二对辊筒速比(上辊/下辊)	1.05～1.15		
输送带输送速度,m/s	0.14～0.25		
机器电动位移速度,m/s	0.12～0.35		
驱动辊筒电动机功率,kW	7.5～11		
机器位移电动机功率,kW	1.5		

4 技术要求

4.1 基本要求

4.1.1 应按经批准的图样和技术文件制造。

4.1.2 图样上未注线性尺寸和角度公差应符合 GB/T 1804—2000 中 C 级公差等级的规定。

4.1.3 空载时轴承温升应不超过 30℃;负载时温升应不超过 35℃。减速器不应有渗漏现象,负载运行时油温应不超过 60℃。

4.1.4 整机运行应平稳,不应有异常声响。调整机构应灵活可靠,紧固件无松动。

4.1.5 空载噪声应不大于 85 dB(A)。

4.1.6 加工出的胶块应符合生产工艺的要求。

4.1.7 使用可靠性应不小于 95%。

4.2 主要零部件

4.2.1 辊筒

4.2.1.1 辊筒体应用机械性能不低于 GB/T 700 规定的 Q235 钢或不低于 GB/T 9439 规定的 HT200 的灰铸铁制造,并应经时效处理。

4.2.1.2 辊筒两端轴应用机械性能不低于 GB/T 699 规定的 45 号钢的材料制造。

4.2.1.3 辊筒外圆表面不应有裂纹、缩松,不应有直径和深度大于 3 mm 的气孔、砂眼,小于 3 mm 的气孔、砂眼不应超过 5 个,其间距不应小于 40 mm。

4.2.1.4 轴承位轴颈尺寸公差应符合 GB/T 1800.2 中 k6 的规定。

4.2.1.5 轴承位和辊筒外圆的表面粗糙度分别不低于 GB/T 1031 中的 Ra 3.2 和 Ra 6.3。

4.2.1.6 辊筒两轴肩的端面间距的尺寸偏差应符合 GB／T 1800.2 中 h10 的规定。

4.2.2 轴承座

4.2.2.1 轴承座应用机械性能不低于 GB／T 9493 中 HT200 的灰铸铁制造，并经时效处理。

4.2.2.2 轴承座直径、厚度和宽度的尺寸偏差应分别符合 GB／T 1801 中 H 7、r 8 和 f 8 的规定。

4.2.2.3 轴承座滑动工作面粗糙度应不低于 GB／T 1031 中 Ra 6.3 的规定。

4.2.3 左右机架

4.2.3.1 机架应用机械性能不低于 GB／T 9439 中 HT150 的灰铸铁材料制造，并经时效处理。

4.2.3.2 垂直底座的左右机架平面间距尺寸的偏差应符合 GB／T 1800.2 中 e 9 的规定。

4.2.3.3 机架的轴承座工作面的表面粗糙度应不低于 GB／T 1031 中 Ra 6.3 的规定。

4.2.4 齿轮副

4.2.4.1 驱动小齿轮应采用机械性能不低于 GB／T 699 中 45 号钢的材料制造，其他齿轮应采用机械性能不低于 GB／T 11352 中 ZG310～570 材料制造。

4.2.4.2 驱动小齿轮齿面硬度不低于 GB／T 230.1 中 38 HRC 的规定。

4.2.4.3 齿轮精度应符合 GB／T 10095.1—2008 中 9 级精度的规定。

4.2.4.4 齿轮齿面粗糙度应不大于 GB／T 1031 中 Ra 6.3 的规定。

4.3 装配质量

4.3.1 零部件应经检验合格后才能进行装配。

4.3.2 零件在装配前应清洁，不应有毛刺、飞边、切削、焊渣，装配过程中零件不应磕碰、划伤。

4.3.3 第一对辊筒间隙差 0.5 mm～1.5 mm，第二对辊筒间隙差 0.5 mm～0.8 mm。

4.3.4 两 V 带轮轴线平行度应不大于两轮中心距的 1.0%；两 V 带轮对应面的偏移量应不大于两轮中心距的 0.5%。

4.4 外观和涂漆

4.4.1 外观表面应平整。

4.4.2 铸件表面不应有飞边、毛刺等。

4.4.3 焊接件外观表面不应有焊瘤、金属飞溅物等缺陷。焊缝表面应均匀，无裂纹。

4.4.4 漆层外观色泽应均匀、平整光滑；不应有露底、严重的流痕和麻点；明显的起泡、起皱应不多于 3 处。

4.4.5 漆膜附着力应符合 JB／T 9832.2 中 2 级 3 处的规定。

4.5 安全防护

4.5.1 外露 V 带轮、链轮等转动部件应装固定式防护罩，防护罩应符合 GB 8196 的规定。

4.5.2 电器装置应符合 GB 5226.1 的规定。

4.5.3 电器设备应有可靠的接地保护，接地电阻应不大于 10 Ω。

4.5.4 零部件不应有锐边和尖角。

4.5.5 应设有过载保护装置。

5 试验方法

5.1 空载试验

5.1.1 总装配检验合格后应进行空载试验。

5.1.2 机器连续运行应不小于 2 h。

5.1.3 空载试验项目和要求见表2。

表2 空载试验项目和要求

试 验 项 目	要 求
运行情况	符合4.1.4的规定
第一对辊筒间隙差、第二对辊筒间隙差	符合4.3.3的规定
电器装置	工作正常并符合4.5.3的规定
轴承温升	符合4.1.3的规定
噪声	符合4.1.5的规定

5.2 负载试验

5.2.1 负载试验应在空载试验合格后进行,负载试验时的原料应符合工艺要求。

5.2.2 负载试验时连续工作应不少于2 h。

5.2.3 负载试验项目和要求见表3。

表3 负载试验项目和要求

试 验 项 目	要 求
运行情况	符合4.1.4的规定
电器装置	工作正常并符合4.5.3的规定
减速器油温	符合4.1.3的规定
生产率	符合表1中的规定
工作质量	符合4.1.6的规定

5.3 测定方法

生产率、噪声、尺寸公差、形位公差、硬度和使用可靠性等应按NY/T 408—2000中第4章的相关规定进行测定,漆膜附着力应按JB/T 9832.2的规定进行测定。

6 检验规则

6.1 出厂检验

6.1.1 出厂检验实行全检,取得合格证后方可出厂。

6.1.2 出厂检验项目及要求:
——外观和涂漆应符合4.4的规定;
——装配应符合4.3的规定;
——安全防护应符合4.5的规定;
——空载试验应符合5.1的规定。

6.1.3 用户有要求时,可进行负载试验,负载试验应按5.2的规定。

6.2 型式检验

6.2.1 有下列情况之一时,应进行型式检验:
——新产品生产或产品转厂生产;
——正式生产后,结构、材料、工艺等有较大改变,可能影响产品性能;
——正常生产时,定期或周期性抽查检验;
——产品长期停产后恢复生产;
——出厂检验发现产品质量显著下降;
——质量监督机构提出型式检验要求;
——合同规定。

6.2.2 型式检验实行抽检。抽样按 GB/T 2828.1 规定的正常检查一次抽样方案。

6.2.3 样本一般应是 12 个月内生产的产品。抽样检查批量应不少于 3 台,样本为 2 台。

6.2.4 整机抽样地点在生产企业的成品库或销售部门;零部件在半成品库或装配线上以检验合格的零部件中抽取。

6.2.5 检验项目、不合格分类和判定规则见表 4。

表 4　型式检验项目、不合格分类和判定规则

不合格分类	检验项目	样本数	项目数	检查水平	样本大小字码	AQL	Ac	Re
A	1. 生产率 2. 使用可靠性 3. 安全防护 4. 工作质量		4			6.5	0	1
B	1. 噪声 2. 驱动小齿轮齿面硬度 3. 轴承温升和减速器油温 4. 轴承位轴颈尺寸公差 5. 轴承位轴颈表面粗糙度	2	5	S-I	A	25	1	2
C	1. V 带轮的偏移量 2. 第一对辊筒间隙差、第二对辊筒间隙差 3. 整机外观 4. 漆层外观 5. 漆膜附着力 6. 标志和技术文件		6			40	2	3
注:AQL 为合格质量水平,Ac 为合格判定数,Re 为不合格判定数。评定时采用逐项检验考核,A、B、C 各类的不合格总数小于或等于 Ac 为合格,大于或等于 Re 为不合格。A、B、C 各类均合格时,该批产品为合格品,否则为不合格品。								

7　标志、包装、运输和贮存

产品的标志、包装、运输和贮存应符合 NY/T 409—2000 中第 8 章的规定。

―――――――――

ICS 65.040.20
B 93

中华人民共和国农业行业标准

NY/T 2135—2012

蔬菜清洗机洗净度测试方法

Test method for cleaning degree of vegetable washing machine

2012-02-21 发布

2012-05-01 实施

中华人民共和国农业部 发布

前　言

本标准按照 GB/T 1.1—2009 给出的规则起草。

本标准由农业部农业机械化管理司提出并归口。

本标准起草单位:农业部规划设计研究院。

本标准主要起草人:王莉、丁小明、吴政文、尹义蕾。

蔬菜清洗机洗净度测试方法

1 范围

本标准规定了用于评价蔬菜清洗机洗净度的性能参数及其测试方法。

本标准适用于蔬菜清洗机洗净度的测试。

2 规范性引用文件

下列文件对于本文件的应用是必不可少的。凡是注日期的引用文件,仅注日期的版本适用于本文件。凡是不注日期的引用文件,其最新版本(包括所有的修改单)适用于本文件。

GB 4789.1 食品安全国家标准 食品微生物学检验 总则

GB 4789.2 食品安全国家标准 食品微生物学检验 菌落总数测定

GB 4789.3 食品安全国家标准 食品微生物学检验 大肠菌群计数

GB 5749 生活饮用水卫生标准

GB/T 6003.1—1997 金属丝编织网试验筛

JB/T 5520 干燥箱 技术条件

JJG 539—1997 数字指示秤

JJG 1036—2008 电子天平

3 术语和定义

下列术语和定义适用于本文件。

3.1

批次式蔬菜清洗机 batch vegetable washing machine

按批次喂料和出料的方式完成蔬菜清洗作业的清洗机。

3.2

连续式蔬菜清洗机 continuous vegetable washing machine

按连续喂料和出料的方式完成蔬菜清洗作业的清洗机。

3.3

独立蔬菜单元 separate vegetable unit

用于清洗试验的完整蔬菜或蔬菜分割体,如整棵叶菜、单个果菜、分开叶菜的单个叶片或分切果菜的单个块等。

3.4

洗净度 cleaning degree

蔬菜清洗机(以下简称清洗机)清洗蔬菜达到洁净的程度。

3.5

洗净率 spotless ratio

蔬菜经清洗机清洗并沥干后洗净的质量占洗后总质量的比率。

3.6

泥沙去除率 silt washed off ratio

蔬菜经清洗机清洗后去除的泥沙质量占清洗前携带泥沙质量的比率。

3.7

微生物去除率 microorganism washed off ratio

蔬菜经清洗机清洗后去除的微生物(菌落总数和大肠菌群)占清洗前携带微生物(菌落总数和大肠菌群)的比率。

4 洗净度性能评价参数

4.1 总则

清洗机洗净度性能采用洗净率、泥沙去除率和微生物去除率进行评价。其中,洗净率采取清洗后的蔬菜表面是否有污渍存留的感官检验判别确定;泥沙去除率以蔬菜清洗前后携带泥沙的变化衡量;微生物去除率用蔬菜清洗前后携带菌落总数和大肠菌群的变化衡量。

4.2 洗净率

洗净率按式(1)计算。

$$\lambda = \frac{m_j}{m_j + m_w} \times 100 \cdots\cdots\cdots (1)$$

式中:

λ ——洗净率,单位为百分率(%);

m_j ——经清洗机清洗且沥干后,洗净蔬菜的质量,单位为克(g);

m_w ——经清洗机清洗且沥干后,未洗净蔬菜的质量,单位为克(g)。

4.3 泥沙去除率

泥沙去除率按式(2)计算。

$$\kappa_{qs} = \frac{s_{xq} - s_{xh}}{s_{xq}} \times 100 \cdots\cdots\cdots (2)$$

式中:

κ_{qs} ——泥沙去除率,单位为百分率(%);

s_{xq} ——清洗前单位质量蔬菜携带泥沙的质量,单位为克每千克(g/kg);

s_{xh} ——清洗后单位质量蔬菜携带泥沙的质量,单位为克每千克(g/kg)。

4.4 菌落总数去除率

菌落总数去除率按式(3)计算。

$$\kappa_{bc} = \frac{N_{bcq} - N_{bch}}{N_{bcq}} \times 100 \cdots\cdots\cdots (3)$$

式中:

κ_{bc} ——菌落总数去除率,单位为百分率(%);

N_{bcq} ——清洗前单位质量蔬菜携带的菌落总数,单位为CFU/g;

N_{bch} ——清洗后单位质量蔬菜携带的菌落总数,单位为CFU/g。

4.5 大肠菌群去除率

大肠菌群去除率按式(4)计算。

$$\kappa_{cg} = \frac{N_{cgq} - N_{cgh}}{N_{cgq}} \times 100 \cdots\cdots\cdots (4)$$

式中:

κ_{cg} ——大肠菌群去除率,单位为百分率(%);

N_{cgq} ——清洗前单位质量蔬菜携带的大肠菌群菌落数,单位为CFU/g;

N_{cgh} ——清洗后单位质量蔬菜携带的大肠菌群菌落数,单位为CFU/g。

5 测试条件

5.1 仪器设备

5.1.1 电子秤

最大称量不小于 5 kg,分度值不大于 5 g,最大允许误差应符合 JJG 539—1997 中 3.4 规定的Ⅲ级要求。

5.1.2 电子天平

最大称量不小于 200 g,分度值不大于 1 mg,最大允许误差应符合 JJG 1036—2008 中 5.5 规定的Ⅲ级要求。

5.1.3 干燥箱

应符合 JB/T 5520 的规定,且最高工作温度不低于 105℃,温度波动不应大于±1℃。

5.1.4 试验筛

应符合 GB/T 6003.1—1997 的规定,规格为 φ200×50−0.032/0.028。

5.1.5 其他

微生物实验室常规仪器和设备,符合 GB 4789.1、GB 4789.2 和 GB 4789.3 的规定。

5.2 测试用蔬菜

5.2.1 对测试用蔬菜进行整理,剔除腐烂菜和不同于测试蔬菜的其他蔬菜或杂草等,保证每次独立测试用蔬菜为同批次。

5.2.2 将蔬菜处理为独立蔬菜单元。以完整蔬菜进行清洗时,应剔除不完整部分。例如,以整棵油菜进行清洗时,剔除单个叶片。以分割蔬菜进行清洗时,应按同一分割标准进行,并且不应混入未经分割的蔬菜。例如,油菜分开成单叶片进行清洗时,不应混入整棵或未分完全的蔬菜部分。

5.3 测试用水

水质应符合 GB 5749 的要求。

6 测试准备

6.1 按照清洗机的使用说明书进行操作完成蔬菜清洗过程。蔬菜喂入量不应多于清洗机额定喂入量且不少于额定喂入量的 90%,批次式蔬菜清洗机按每批次清洗蔬菜质量计,连续式蔬菜清洗机按小时清洗蔬菜质量计。喂料操作应根据使用说明书要求均匀进行。

6.2 批次式蔬菜清洗机每完成一批次清洗即可作为一次独立测试试验,每次试验应采用清水。记录清洗机总蓄水量及单位时间补充水量。

6.3 连续式蔬菜清洗机每次独立测试试验不应少于 30 min,每次试验应采用清水。记录清洗机总蓄水量及单位时间补充水量。

6.4 独立测试试验的次数不应少于 3 次。

7 洗净率测试

7.1 取样

在经清洗机清洗后的蔬菜中随机抽取 3 个样本,每个样本的样本量不少于 30 个独立蔬菜单元。取样后,样本应放置在同一环境条件下。

7.2 洗净蔬菜与未洗净蔬菜的检验判别

7.2.1 检验判别工作应在同一环境条件下进行。应以每个独立蔬菜单元作为检验、判别洗净蔬菜或未洗净蔬菜的最小计量单位。检验时,应观察每个独立蔬菜单元所有表面有无污渍、泥沙。例如,

整棵叶菜作为独立蔬菜单元时,应将叶片逐一分开后观察,判定洗净或未洗净蔬菜时应按整棵叶菜计。

7.2.2 独立蔬菜单元无污渍的或有 1 处污渍面积小于 1 mm² 的或有 2 处以上(含 2 处)及 5 处以下(含 5 处)污渍且每处污渍面积小于 0.5 mm² 的为洗净蔬菜,否则为未洗净蔬菜。

7.3 称重

蔬菜沥干后,分别称量洗净蔬菜和未洗净蔬菜的质量,并按式(1)计算洗净率,取平均值。每组称量洗净蔬菜和未洗净蔬菜的质量应在同时间进行。试验记录参见 A.1。

8 泥沙去除率测试

8.1 取样

在清洗前和清洗后的蔬菜中各随机抽取 3 个样本作为清洗前、后的蔬菜样本,每个样本的样本量不少于 3 个独立蔬菜单元,且每个样本的质量为 1 kg~1.5 kg。

8.2 清洗处理

手工将清洗前和清洗后的每个蔬菜样本分别在盛装 15 L 清水的容器中逐个清洗,直至彻底洗掉蔬菜表面的污渍和泥沙。

8.3 烘干和称重

将清洗后的污水进行沉淀(或分离),沉淀过的清洗水还需经 φ200×50－0.032/0.028(GB/T 6003.1—1997)的试验筛过滤,将试验筛过滤收集物和沉淀物全部倾倒在坩埚上,并拣出菜叶等非泥沙物体,然后放入温度为 103℃±2℃的干燥箱中,烘干至恒重。记录此时的泥沙质量,按式(2)计算泥沙去除率,取平均值。测试记录参见 A.2。

9 微生物去除率测试

9.1 取样

取样按 GB 4789.2 的规定进行。应由经过培训合格的人员遵循无菌操作程序取样,并记录取样时间。在清洗前和清洗后的蔬菜中各随机抽取 3 个样本作为清洗前、后的蔬菜样本,每个样本的样本量不少于 3 个独立蔬菜单元,且每个样本的质量为 1 kg~1.5 kg。

9.2 样本的保存和运输

取样后,应尽快将样品送往实验室。样本应密封,并在 4℃~10℃的冷藏条件下进行存放和运输。注意保持样本的原始状态。待检样本存放时间不应超过 36 h。

9.3 样品的检测

样品中菌落总数应按照 GB 4789.2 的规定进行测定,大肠菌群按 GB 4789.3 的规定进行测定,分别按式(3)和式(4)计算菌落总数去除率和大肠菌群去除率,取平均值。测试记录参见 A.3。

10 测试报告

测试报告应至少包括下列信息:
——测试结果;
——清洗机名称、型号和生产能力;
——测试用蔬菜种类、品种、产地、收获时间;
——清洗测试前蔬菜的处理方式(例如是否浸泡及浸泡时间、是否分切及分切后状态等);
——蔬菜清洗总量、批次清洗量(或单位时间清洗量);
——清洗用水的硬度、pH、温度;
——清洗用水量(含用水总量、清洗机蓄水量、清洗机补水量);

——清洗时间；

——测试完成时间；

——环境温度和环境湿度。

附 录 A
(资料性附录)
测 试 记 录 表

A.1 洗净率测试记录表

洗净率测试记录见表 A.1。

表 A.1 洗净率测试记录表

编号	样本序号	状态	质量 kg	洗净率 %	洗净率平均值 %
1	1	洗净蔬菜			
		未洗净蔬菜			
	2	洗净蔬菜			
		未洗净蔬菜			
	3	洗净蔬菜			
		未洗净蔬菜			
2	1	洗净蔬菜			
		未洗净蔬菜			
	2	洗净蔬菜			
		未洗净蔬菜			
	3	洗净蔬菜			
		未洗净蔬菜			
3	1	洗净蔬菜			
		未洗净蔬菜			
	2	洗净蔬菜			
		未洗净蔬菜			
	3	洗净蔬菜			
		未洗净蔬菜			

A.2 泥沙去除率测试记录表

泥沙去除率测试记录见表 A.2。

表 A.2　泥沙去除率测试记录表

编号	样本序号	样本状态	样本质量 kg	泥沙质量 g	单位质量蔬菜携带泥沙的质量 g/kg	泥沙去除率 %	泥沙去除率平均值 %
1	1	清洗前					
		清洗后					
	2	清洗前					
		清洗后					
	3	清洗前					
		清洗后					
2	1	清洗前					
		清洗后					
	2	清洗前					
		清洗后					
	3	清洗前					
		清洗后					
3	1	清洗前					
		清洗后					
	2	清洗前					
		清洗后					
	3	清洗前					
		清洗后					

A.3　微生物去除率测试记录表

微生物去除率测试记录见表 A.3。

表 A.3　微生物去除率测试记录表

编号	样本序号	样本状态	微生物(菌落总数或大肠菌群) CFU/g	微生物(菌落总数或大肠菌群)去除率 %	微生物(菌落总数或大肠菌群)去除率平均值 %
1	1	清洗前			
		清洗后			
	2	清洗前			
		清洗后			
	3	清洗前			
		清洗后			
2	1	清洗前			
		清洗后			
	2	清洗前			
		清洗后			
	3	清洗前			
		清洗后			
3	1	清洗前			
		清洗后			
	2	清洗前			
		清洗后			
	3	清洗前			
		清洗后			

ICS 65.060
B 91

中华人民共和国农业行业标准

NY/T 2139—2012

沼肥加工设备

Processing equipment of anaerobic digested fertilizer

2012-02-21 发布

2012-05-01 实施

中华人民共和国农业部 发布

前　言

本标准按照 GB/T 1.1—2009 给出的规则起草。

本标准由全国沼气标准化技术委员会(SAC/TC 5157)提出并归口。

本标准起草单位：农业部沼气科学研究所、农业部沼气产品及设备质量监督检验测试中心、绿能生态环境科技有限公司。

本标准主要起草人：胡国全、雷云辉、陈子爱、施国中、张国治、张天瑞、孙金世。

沼 肥 加 工 设 备

1 范围

本标准规定了沼肥加工设备的技术要求、试验方法和检验规则。

本标准适用于以有机废弃物经厌氧消化产生的沼渣沼液加工成肥料的成套设备。

2 规范性引用文件

下列文件对于本文件的应用是必不可少的。凡是注日期的引用文件,仅注日期的版本适用于本文件。凡是不注日期的引用文件,其最新版本(包括所有的修改单)适用于本文件。

GB/T 3768 声学、声压法测定声源声功率级

GB/T 4064 电气设备安全设计导则

GB/T 5748 作业场所空气中粉尘测定方法

GB 9969.1 工业产品使用说明书 总则

GB 10395.1 农林拖拉机和机械安全技术要求第一部分 总则

GB 10396 农林拖拉机和机械、草坪和园艺动力机械安全标志和危险图形 总则

GB/T 12467.4 金属材料熔焊质量要求第四部分:基本质量要求

GB/T 13306 产品标牌

GB 18877—2009 有机—无机复混肥料

JB/T 5673 农林拖拉机及机具涂漆通用技术条件

NY/T 798—2004 复合微生物肥料

NY 1110 水溶肥料汞、砷、镉、铅、铬的限量及其含量测定

3 术语和定义

下列术语和定义适用于本文件。

3.1

沼肥 anaerobic digested fertilizer

以有机废弃物经厌氧消化产生的沼渣沼液为载体加工成的肥料。主要由沼渣肥和沼液肥两部分组成。

3.2

沼肥加工设备 processing equipment of anaerobic digested fertilizer

将沼渣沼液加工成沼肥(参见附录A)的成套设备。分为沼渣肥加工设备和沼液肥加工设备两类。

4 沼肥加工设备的分类和型号表示方法

4.1 按原料类型分类

4.1.1 沼渣肥加工成套设备

a) 沼渣颗粒肥加工成套设备;

b) 复混沼渣肥加工成套设备。

4.1.2 沼液肥加工成套设备

a) 冲施沼液肥加工成套设备;

b) 叶面喷施沼液肥加工成套设备。

4.2 加工设备规格型号表示方法

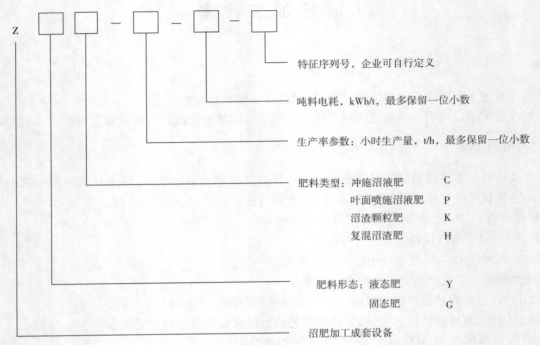

示例：

每小时生产 1 t 液态叶面喷施沼液肥，吨料电耗 18 kWh/t，设计代号Ⅱ的沼肥成套加工设备：ZYP-1-18-Ⅱ。

5 技术要求

5.1 使用环境

本标准设定成套设备使用环境温度低于 50℃，相对湿度小于 90%，并具备良好的遮阳防雨条件。如有其他要求应另行注明。

5.2 性能要求

加工成套设备的性能指标应满足表 1 的要求。

表 1 沼肥加工成套设备性能指标

序号	项 目	指 标			
		沼渣颗粒肥	复混沼渣肥	冲施沼液肥	叶面喷施沼液肥
1	生产率(效率)，t/h	≥设计生产能力			
2	吨料电耗，kWh/t	≤25	≤30	≤18	≤25
3	使用寿命，年	≥10			
4	可靠性，%	≥90			
5	成品出料温度，℃	不高于环境温度 10			
6	工作最高温度，℃			≤90	
7	室内噪声，dB(A);	≤75			
8	粉尘浓度，mg/Nm³	≤10			
9	成品含水率，%	≤20			
10	颗粒粒径，mm	≤8			

5.3 安全要求

5.3.1 电气设备安全可靠，安全技术要求应符合 GB/T 4064 的规定，电气绝缘电阻≥1 MΩ。

5.3.2 外露回转件应有防护装置，防护装置应满足 GB 10395.1 的规定。

5.3.3 危险部位应有明显安全警示标识,标识符合 GB 10396 的规定。

5.4 可清洗性

各单机设备都应可清洗,电动机应满足防尘防冲刷水要求。

5.5 装配质量

5.5.1 成套设备各单机、外购件、外协件应有合格证,并经厂方质量检查或验证合格。

5.5.2 各单机装配后连接可靠,转动部件应转动灵活,无卡滞、异常声响。

5.5.3 焊接质量要求

焊接质量应满足 GB/T 12467.4 的规定。

5.5.4 涂层质量要求

喷漆应符合 JB/T 5673 的要求,漆膜厚度应不小于 40 μm,漆膜附着力应不低于 Ⅱ 级。外观应平整、光滑、色泽均匀,不应有露底漆、起皱、起泡、开裂、剥落等缺陷。

5.6 使用信息要求

5.6.1 使用说明书

5.6.1.1 使用说明书的编制应符合 GB 9969.1 的要求。

5.6.1.2 使用说明书应包括以下内容:

    a) 产品主要用途、适用范围和执行标准;

    b) 安全注意事项;

    c) 主要技术参数;

    d) 安装、调试和使用方法;

    e) 维护和保养说明;

    f) 常见故障和处理方法;

    g) 产品"三包"等质量保证。

5.6.2 标牌

在各主要单机(分离设备、干燥设备、复混设备、絮凝设备、络合设备、造粒设备、过滤设备)的明显部位应固定永久性产品标牌。标牌规格应符合 GB/T 13306 的要求,其内容应包括产品型号与名称、制造厂名、配套动力、生产率、制造日期或出厂日期等。

6 检测方法

6.1 试验条件

6.1.1 试验物料

有机废弃物经厌氧消化后产出的沼渣沼液。

6.1.2 试验设备

应处于正常工作状态,试验期间应保持工作状态稳定。

6.1.3 试验所需主要仪器、设备

如表 2。仪器、设备均应检定、校验合格,并在有效期内。

表 2 试验所需主要仪器、设备

序号	名　称	准确度或分辨率
1	功率表	2.5 级
2	电流互感器	2.5 级
3	声级计	0.1 dB(A)
4	粉尘取样仪	0.1 L/min

表 2（续）

序号	名　　称	准确度或分辨率
5	台秤	0.5 kg
6	试验筛	
7	水浴锅	
8	干燥箱	
9	天平	

6.2 性能试验

成套设备的性能连续试验时间不少于 240 h。

6.2.1 生产率

6.2.1.1 空运转正常后，投入物料至满负荷运转，并保持稳定状态。

6.2.1.2 每次测量一个生产周期（不少于 12 h），测定每一个生产周期内沼肥生产总质量，共测 3 次，取其平均值。按式（1）计算。

$$Q = \frac{M}{T} \quad\cdots\cdots\cdots\cdots\cdots\cdots\cdots\cdots\cdots\cdots\cdots\cdots\cdots\cdots\cdots\cdots\cdots\cdots (1)$$

式中：

Q ——生产率，单位为吨每小时（t/h）；

M ——测定生产周期内沼肥生产总质量，单位为吨（t）；

T ——生产周期，单位为小时（h）。

6.2.2 吨料电耗

吨料电耗按式（2）计算。

$$G_n = \frac{G_{nz}}{m_c} \quad\cdots\cdots\cdots\cdots\cdots\cdots\cdots\cdots\cdots\cdots\cdots\cdots\cdots\cdots\cdots\cdots (2)$$

式中：

G_n ——吨料电耗，单位为千瓦时每吨（kWh/t）；

G_{nz} ——耗电量，单位为千瓦时（kWh）；

m_c ——处理原料量，单位为吨（t）。

6.2.3 平均使用寿命

6.2.3.1 成套设备材料及管道材料应满足耐腐蚀及其他性能要求，保证使用年限内不失效。

6.2.3.2 设计计算书验证各关键设备设计及轴承等标准件选型满足使用寿命要求。

6.2.4 可靠性

可靠性按式（3）计算。

$$K = (1 - \frac{\sum T_G}{\sum T_z}) \times 100 \quad\cdots\cdots\cdots\cdots\cdots\cdots\cdots\cdots\cdots\cdots\cdots\cdots (3)$$

式中：

K ——可靠性，单位为百分率（%）；

T_z ——连续试验时间，不低于 240 h，单位为小时（h）；

T_G ——故障时间（包括排除故障时间），单位为小时（h）。

6.2.5 成品出料温度

在成品出口处取样，共取 3 次，用测温仪进行检测。

6.2.6 最高温度

沼液肥加工成套设备工艺设计最高温度不高于 90℃；通过各工序设备取样口进行取样，用测温仪进行测量，最高温度不高于 90℃。

6.2.7 室内噪声

在成套设备正常工作时，测量控制室、造粒设备、包装设备处噪声，测量 2 次，取最大值为噪声值。测定方法及计算按 GB/T 3768 的规定执行。

6.2.8 粉尘浓度

在操作者经常工作的场所进行测定，在距离地面 1.5 m 处进行，测定方法应符合 GB/T 5748 的规定。粉尘浓度按式（4）计算。

$$N = \frac{1000(m_2 - m_1)}{V_0} \quad\quad\quad (4)$$

式中：

N ——粉尘浓度，单位为毫克每立方米（mg/m³）；

m_1 ——采样前滤膜质量，单位为毫克（mg）；

m_2 ——采样后滤膜质量，单位为毫克（mg）；

V_0 ——换算后，抽气量标准状况下的体积，单位为升（L），按式（5）计算。

$$V_0 = V \times \frac{273}{273+t} \times \frac{P}{P_0} \quad\quad\quad (5)$$

式中：

V ——实际采样体积，单位为升（L）；

t ——采样时记录的温度，单位为摄氏度（℃）；

P_0 ——标准大气压，单位为帕（Pa）；

P ——采样时记录的大气压，单位为帕（Pa）。

6.2.9 沼肥质量参数

6.2.9.1 成品含水率

在产品包装处进行含水率测定，按 NY/T 798—2004 中 5.3.5 的规定进行。

6.2.9.2 颗粒粒径

在造粒设备出口进行颗粒粒径测定，使用样筛孔径为 2.0 mm 和 5.0 mm，测定按 NY/T 798—2004 中 5.3.6 的规定进行，分别计算两筛间颗粒质量占筛选总质量的百分比。

7 检验规则

本标准中产品技术指标的数字修约应符合 GB/T 8170 的规定；产品质量指标合格判定应符合 GB 1250 中修约值比较法的规定。

沼肥加工设备检验分为出厂检验和型式检验。

7.1 出厂检验

每台沼肥加工设备应经检验合格后方能出厂，并附有证明产品质量合格的文件或标记。

7.2 型式检验

有下列情况之一者，应进行型式检验：

    a) 新产品或老产品转厂生产的试制定型时；

    b) 产品停产一年后恢复生产时；

    c) 正式生产后，如材料、工艺有较大改变，可能影响产品性能时；

    d) 出厂检验与定型检验有重大差异时。

7.3 不合格分类

被检验项目按其对产品质量影响的严重程度分为 A 类不合格、B 类不合格和 C 类不合格三类。不合格分类见表3。

表3 检测项目及不合格分类表

不合格分类		项 目
类	项	
A	1	生产率
	2	安全
	3	粉尘浓度
B	1	吨料电耗
	2	可靠性
	3	最高温度
	4	室内噪声
	5	使用说明书
C	1	标识
	2	可清洗性
	3	装配质量
	4	焊接质量
	5	喷漆质量

7.4 抽样方法

正常批量生产时的检验样机一般应在生产企业的成品库或生产线末端抽取,且应为近半年内生产。抽取的样机应是出厂检验合格的产品。可靠性试验可以单独按规定抽取2台样机进行,也可以用进行完磨合和性能试验后的2台样机直接进行可靠性试验。

7.5 判定规则

7.5.1 抽样判定方案:接受数分别为 A=0、B=2、C=3;不接受数分别为 A=1、B=3、C=4。

7.5.2 采用逐项考核,按类判定的原则。当各类不合格项目数均小于或等于接收数时,判定为合格;当各类不合格项目数有一类大于或等于不接收数时,即判定为不合格。

8 标志、包装、运输、存放

8.1 包装应稳固可靠,保证沼肥加工成套设备在存放和运输过程中完整无损,表面无划痕、漆膜脱落、挤压变形等缺陷。

8.2 存放时要有良好的通风防潮条件,若露天存放应有防雨和防晒措施。

8.3 包装应包含产品合格证和使用说明书。

8.4 标识所标注的内容,应符合本标准5.6.2的要求。

附　录　A

（资料性附录）

沼肥分类与技术指标

A.1　沼渣肥

沼渣肥按加工工艺不同，分为堆沤沼渣肥、沼渣颗粒肥和复混沼渣肥。

A.1.1　堆沤沼渣肥

产品技术指标见表 A.1。

表 A.1　堆沤沼渣肥技术指标

项　　目	指　　标
总养分（N+P_2O_5+K_2O）含量（以干基计），%	≥6.0
有机质（以干基计），%	≥25
水分，%	≤30
酸碱度（pH）	5.5～8.5
粪大肠菌群数，个/g(mL)	≤100
蛔虫卵死亡率，%	≥95
As、Cd、Pb、Cr、Hg 含量指标应符合 NY/T 798—2004 中 4.2.3 的规定。	

A.1.2　沼渣颗粒肥

产品技术指标和要求按 NY/T 798 的规定执行。

A.1.3　复混沼渣肥

产品技术指标和要求按 GB 18877 的规定执行。

A.2　沼液肥

沼液肥按加工工艺不同，分为耦合灌溉水肥、冲施沼液肥和叶面喷施沼液肥。

A.2.1　耦合灌溉水肥

产品技术指标见表 A.2。

表 A.2　耦合灌溉水肥技术指标

项　　目	指　　标
总养分（N+P_2O_5+K_2O）含量（以干基计），%	≥4.0
酸碱度（pH）	5～8
粪大肠菌群数，个/g(mL)	≤100
蛔虫卵死亡率，%	≥95

A.2.2　冲施沼液肥

产品技术指标见表 A.3。

表 A.3 冲施沼液肥技术指标

项　目	指　标
总养分(N＋P₂O₅＋K₂O)总量,g/L	≥30
多元有机酸(氨基酸、腐植酸)总量,g/L	≥30
水不溶物,g/L	≤100
酸碱度(pH)	4～8
粪大肠菌群数,个/g(mL)	≤100
蛔虫卵死亡率,%	≥95
As、Cd、Pb、Cr、Hg 含量指标应符合 NY 1110 的要求。	

A.2.3 叶面喷施沼液肥

叶面喷施肥产品技术指标见表 A.4。

表 A.4 叶面喷施沼液肥

项　目	指　标
总养分(N＋P₂O₅＋K₂O)总量,g/L	≥50.0
多元有机酸(氨基酸、腐植酸)含量,g/L	≥80
微量元素(Fe、Mn、Cu、Zn、Mo、B)总量,g/L	≥60.0
水不溶物,g/L	≤20.0
酸碱度(pH)	3～8
悬浮物粒径,mm	≤0.1
粪大肠菌群数,个/g(mL)	≤100
蛔虫卵死亡率,%	≥95
As、Cd、Pb、Cr、Hg 含量指标应符合 NY 1110 的要求。	

ICS 03.100.30
A 18

中华人民共和国农业行业标准

NY/T 2144—2012

农机轮胎修理工

Tyre repairing operator of agricultural machinery

2012-03-01 发布

2012-06-01 实施

中华人民共和国农业部 发布

前 言

本标准按照 GB/T 1.1—2009 给出的规则起草。

本标准由农业部人事劳动司提出并归口。

本标准起草单位:农业部农机行业职业技能鉴定指导站。

本标准主要起草人:温芳、王世杰、叶宗照、朱常功、王立成、李翔、刘军霞。

农机轮胎修理工

1 范围

本标准规定了农机轮胎修理工职业的术语和定义、基本要求、工作要求。

本标准适用于农机轮胎修理工的职业技能鉴定。

2 术语和定义

下列术语和定义适用于本文件。

2.1

农机轮胎修理工 tyre repairing operator of agricultural machinery

使用工具、量具及专用修理设备,对农业机械轮胎进行修补和翻修,使其恢复到规定的技术状态和性能的人员。

3 职业概况

3.1 职业等级

本职业共设三个等级,分别为:初级(国家职业资格五级)、中级(国家职业资格四级)、高级(国家职业资格三级)。

3.2 职业环境条件

室内、外,常温,有毒有害(部分)。

3.3 职业能力特征

具有一定观察、判断能力;手指、手臂灵活,动作协调。

3.4 基本文化程度

初中毕业。

3.5 培训要求

3.5.1 培训期限

全日制职业学校教育,根据其培养目标和教学计划确定。晋级培训期限:初级不少于180标准学时,中级不少于150标准学时,高级不少于120标准学时。

3.5.2 培训教师

培训初级的教师应具有本职业高级以上职业资格证书或相关专业初级以上专业技术职务任职资格;培训中、高级的教师应具有本职业高级职业资格证书3年以上或相关专业中级以上专业技术职务任职资格。

3.5.3 培训场地与设备

满足教学需要的标准教室和具备必要的工具设备仪器的实际操作场所。

3.6 鉴定要求

3.6.1 适用对象

从事或准备从事本职业的人员。

3.6.2 申报条件

3.6.2.1 初级(具备下列条件之一者)

a) 经本职业初级正规培训达规定标准学时数,并取得结业证书;

b) 在本职业连续见习工作 2 年以上。

3.6.2.2 中级（具备下列条件之一者）

a) 取得本职业初级职业资格证书后，连续从事本职业工作 1 年以上，经本职业中级正规培训达规定标准学时数，并取得结业证书；

b) 取得本职业初级职业资格证书后，连续从事本职业工作 3 年以上；

c) 连续从事本职业工作 4 年以上，经本职业中级正规培训达规定标准学时数，并取得结业证书；

d) 连续从事本职业工作 6 年以上；

e) 取得经劳动保障行政部门审核认定的、以中级技能为培养目标的中等以上职业学校本职业（专业）毕业证书。

3.6.2.3 高级（具备下列条件之一者）

a) 取得本职业中级职业资格证书后，连续从事本职业工作 2 年以上，经本职业高级正规培训达规定标准学时数，并取得结业证书；

b) 取得本职业中级职业资格证书后，连续从事本职业工作 4 年以上；

c) 连续从事本职业工作 9 年以上，经本职业高级正规培训达规定标准学时数，并取得结业证书；

d) 取得经劳动保障行政部门审核认定的、以高级技能为培养目标的高等职业学校本职业（专业）毕业证书；

e) 取得本专业或相关专业大专以上毕业证书，经本职业高级正规培训达规定标准学时数，并取得结业证书；

f) 取得本专业或相关专业大专以上毕业证书后，连续从事本职业工作 2 年以上。

3.6.3 鉴定方式

分为理论知识考试和技能操作考核。理论知识考试采用闭卷笔试方式，技能操作考核采用现场实际操作方式。理论知识考试和技能操作考核均实行百分制，成绩皆达到 60 分以上者为合格。

3.6.4 考评人员与考生配比

理论知识考试考评人员与考生配比为 1∶25，每个标准教室不少于 2 名考评人员；技能操作考核考评员与考生配比为 1∶8，且不少于 3 名考评员。职业资格考评组成员不少于 5 人。

3.6.5 鉴定时间

理论知识考试为 120 min；技能操作考核时间，根据考核项目而定，但不少于 90 min。

3.6.6 鉴定场所设备

理论知识考试在标准教室进行；技能操作考核在具备必要考核设备的实践场所进行。

4 基本要求

4.1 职业道德

4.1.1 职业道德基本知识

4.1.2 职业守则

遵纪守法，爱岗敬业；

诚实守信，公平竞争；

文明待客，优质服务；

遵守规程，保证质量；

安全生产，注重环保。

4.2 基础知识

4.2.1 机械及机械加工基本知识

a) 机械工程常用法定计量单位及换算关系；

b) 公差与配合的基础知识及标注方法；

c) 农业机械常用金属和橡胶等非金属材料的种类、牌号、基本性能及用途；

d) 轴承、油封、螺栓等标准件的种类、规格与用途；

e) 钳工基本操作(钻、锯、锉、錾、砂轮磨削等)知识；

f) 常用工、量具的使用知识。

4.2.2 电工常识

a) 电路的基本知识；

b) 工厂配电用电基本知识；

c) 安全用电知识。

4.2.3 农机轮胎维修基本知识

a) 农机车轮的类型与组成；

b) 轮胎的组成、分类规格；

c) 轮胎使用性能基本知识；

d) 轮胎维护的基本要求；

e) 胶粘技术基本知识。

4.2.4 安全环保知识

a) 农机轮胎维修作业安全操作规程；

b) 安全防火知识；

c) 劳动保护知识；

d) 轮胎修理环保知识。

4.2.5 相关法律、法规知识

a) 《中华人民共和国环境保护法》的相关知识；

b) 《农业机械安全监督管理条例》的相关知识；

c) 《农业机械维修管理规定》的相关知识；

d) 农业机械产品修理、更换、退货责任规定。

5 工作要求

本标准对初级、中级、高级的技能要求依次递进，高级别涵盖低级别的要求。

5.1 初级

职业功能	工作内容	技能要求	相关知识
一、拆卸与鉴定	(一)轮胎拆卸与分解	1. 能从机车上拆下车轮 2. 能分解中小型农机轮胎	1. 千斤顶、撬棒的使用方法 2. 轮胎拆装机的使用方法 3. 轮胎拆卸与分解安全注意事项
	(二)轮胎鉴定	1. 能识别胎体侧面的基本标识 2. 能测量轮胎胎面花纹沟槽深度 3. 能进行轮胎洞伤、钉孔、裂口及疤伤缺陷的鉴别与评定	1. 轮胎的通用技术要求 2. 轮胎鉴定的基础知识 3. 轮胎胎面花纹沟槽深度的测量方法 4. 轮胎洞伤、钉孔、裂口及疤伤的鉴定方法
二、修补与翻修	(一)内胎修补	1. 能对破损部位周围进行锉净打毛处理 2. 能对25 mm以下洞伤的内胎进行修补	1. 锉刀和磨胎机的使用方法 2. 内胎洞伤修补材料的种类、性能和使用特点 3. 内胎洞伤的修补工艺及质量要求

（续）

职业功能	工作内容	技能要求	相关知识
二、修补与翻修	（二）外胎修补	1. 能对钉孔及 25 mm 内的穿孔进行切割处理 2. 能对未伤及帘布层伤痕进行切割处理，使修补处切割成合理的形状 3. 能使用磨锉工具或软轴磨胎机磨胎，使修补处的线层上没有旧胶，并形成新鲜、粗糙表面 4. 能对钉孔及 25 mm 内的洞伤进行修补 5. 能对未伤及帘布层伤痕进行修补	1. 轮胎切割工具的选用知识 2. 外胎修补一般工艺过程 3. 钉孔、25 mm 内的洞伤以及未伤及帘布层伤痕的切割处理方法 4. 钉孔、25 mm 内的洞伤以及未伤及帘布层伤痕的修补硫化要求 5. 软轴磨胎机的使用方法
三、检验与安装	（一）轮胎组装	1. 能用撬棒组装中小型农机轮胎 2. 能用轮胎拆装机等专用设备组装中小型农机轮胎	1. 撬棒组装中小型农机轮胎要领 2. 轮胎拆装机等专用设备使用操作要领
三、检验与安装	（二）轮胎修复质量检验	1. 能对修补后的内胎进行密封性检验 2. 能进行轮胎几何尺寸的检测	1. 内胎密封性的检验方法 2. 轮胎几何尺寸的检测方法
三、检验与安装	（三）车轮安装与调整	1. 能将车轮安装到机车上 2. 能对不同型号的中小农机轮胎充气至标定压力值 3. 能对车轮轴承间隙进行检查和调整	1. 车轮安装方法 2. 空气压缩机的使用注意事项 3. 轮胎压力标准及检测方法 4. 车轮轴承间隙的检查调整要求和方法
四、设备维护	（一）轮胎拆装设备维护	1. 能维护千斤顶 2. 能维护轮胎拆装机	1. 千斤顶的维护方法 2. 轮胎拆装机的维护方法
四、设备维护	（二）轮胎修理设备维护	1. 能维护空气压缩机 2. 能维护磨胎机	1. 空气压缩机的维护方法 2. 磨胎机的维护方法

5.2 中级

职业功能	工作内容	技能要求	相关知识
一、拆卸与鉴定	（一）轮胎拆卸与分解	能分解大中型农机轮胎	大中型农机轮胎分解要求
一、拆卸与鉴定	（二）轮胎鉴定	1. 能检出胎里表层帘线松散、跳线和腐朽部位 2. 能检测胎圈是否变形、磨损、钢丝松散、包布脱落 3. 能进行胎体的低压检验，检出胎侧钢丝拉链式断裂、闭合裂口及隐形损伤窜气鼓包部位	1. 胎里表层帘线松散、跳线和腐朽部位的检查鉴定常识 2. 胎体检验的综合判断知识 3. 胎体的低压检验方法
二、修补与翻修	（一）内胎修补	1. 能对 25 mm 以上孔洞进行切割、磨削及填充处理 2. 能对 25 mm 以上孔洞的内胎进行修补 3. 能修补或更换气门嘴	1. 内胎大孔洞修补前的处理方法 2. 内胎 25 mm 以上孔洞的修补要求 3. 气门嘴修补或更换要领
二、修补与翻修	（二）外胎修补	1. 能对 25 mm～60 mm 的洞伤和伤及帘布层伤痕进行切割处理 2. 能对胎体的洞伤、凹坑、钉孔、裂口等损伤部位进行磨锉 3. 能对 25 mm～60 mm 的穿孔和伤及帘布层的伤痕进行修补 4. 能根据轮胎类型及洞伤形状采用适宜的方法填胶、排气、压实 5. 能给胎体预硫化胎面及衬垫的已打磨面涂刷胶浆 6. 能贴合缓冲胶和胎面胶 7. 能在局部硫化机上进行轮胎的局部硫化操作	1. 扩胎机、磨胎机的操作方法 2. 外胎 25 mm～60 mm 的洞伤和伤及帘布层伤痕的切割处理方法，修补工艺要领及注意事项 3. 胎体洞伤、凹坑、钉孔、裂口等损伤部位磨锉工艺要领及操作方法 4. 洞伤填胶、排气、压实的操作要领 5. 涂刷胶浆基本知识及操作要领 6. 缓冲胶和胎面胶冷贴工艺要求及质量要求 7. 局部硫化的技术要求 8. 轮胎局部硫化机的操作方法

（续）

职业功能	工作内容	技能要求	相关知识
三、检验与安装	（一）轮胎组装	1. 能对修补后的轮胎进行静平衡检查和处理 2. 能组装大型农机轮胎	1. 修补后轮胎静平衡检查和处理方法 2. 使用撬棒和轮胎拆装机等专用设备组装大型农机轮胎的方法
	（二）轮胎修复质量检验	1. 能对衬垫及其粘合面较大脱空（长径大于 20 mm）、胎体帘线层间及胎面粘合面明显脱层、脱空（长径大于 25 mm）等胎内隐蔽质量缺陷进行鉴别测定 2. 能对外胎修补部位的硫化硬度和宽度、弧度进行检验	1. 修复轮胎内在隐蔽质量缺陷的检测方法及要领 2. 轮胎硫化后的硬度和形状的技术要求及其检测方法 3. 邵氏硬度计的使用方法
	（三）安装与调整	1. 能对大型农机轮胎充气至标定压力值 2. 能对拖拉机前轮前束进行检查和调整	1. 大型农机轮胎安全充气装置的使用知识 2. 拖拉机前轮前束检查和调整的方法
四、设备维护	（一）轮胎拆装设备维护	1. 能维护扩胎机 2. 能维护平衡设备	1. 扩胎机的维护方法 2. 平衡设备的维护方法
	（二）轮胎修理设备维护	1. 能对轮胎局部硫化机进行维护 2. 能对邵氏硬度计进行维护	1. 轮胎局部硫化机的维护要点 2. 邵氏硬度计的维护方法

5.3 高级

职业功能	工作内容	技能要求	相关知识
一、拆卸与鉴定	轮胎鉴定	1. 能检出胎里内层帘线松散、跳线和腐朽部位 2. 能检出胎侧机械损伤裂口，判断伤及钢丝帘线断股部位 3. 能用验胎锤敲听的方法检出胎体帘线脱层、脱空部位（长径大于 15 mm） 4. 能检出胎体表面胶层老化部位，判断出伤及帘布层程度	1. 胎里内层帘线松散、跳线和腐朽部位的鉴定方法 2. 胎侧机械损伤裂口探查方法，伤及钢丝帘线断股部位的判断方法 3. 胎体脱层、脱空部位敲听检验规则，敲听声响的鉴别方法 4. 胎体表面胶层老化特征，细微裂纹伤及帘布层的判断方法
二、修补与翻修	（一）外胎修补	1. 能将"一"形、"〇"形、"X"形、"Y"形洞口切割成适当形状 2. 能对 60 mm～100 mm 的洞伤进行切割处理 3. 能用钢丝或丝线缝补漏洞，使内外缝合紧密 4. 能根据不同类型与规格的胎体，配用合适的补强衬垫 5. 能对 60 mm～100 mm 的洞伤和伤及帘布层的伤痕进行修补	1. "一"形、"〇"形、"X"形、"Y"形洞口的切割要求及注意事项 2. 60 mm～100 mm 洞伤的切割处理方法 3. 用钢丝或丝线缝补漏洞的方法 4. 各种补强衬垫的适用范围、选配规则及方法 5. 60 mm～100 mm 洞伤和伤及帘布层伤痕的修补工艺要领及注意事项
	（二）外胎翻修	1. 能根据不同类型的胎体，调整适当的打磨速度和进给量，打磨出不同磨纹粗糙度的磨面 2. 能通过打磨修正失圆轮胎 3. 能制备胶浆 4. 能按原轮胎的花纹情况选择并布好压合机内的胎面成形模具，进行压合 5. 能根据轮胎类型和规格，贴合相应规格的预硫化胎面胶 6. 能进行轮胎的模硫化操作 7. 能进行轮胎的罐硫化操作	1. 轮胎翻修常用材料的种类、作用及技术要求 2. 轮胎模硫化的基本知识 3. 一次模硫化法翻修和胎面预硫化法翻修工艺要求及操作要领 4. 打磨速度和进给量与打磨粗糙度的关系，进给量的控制方法和要点 5. 打磨修正失圆轮胎的方法及要领 6. 胶浆制备及调配的基本知识、技术要求及操作注意事项 7. 轮胎类型与轮胎花纹的匹配知识 8. 预硫化胎面胶贴合的操作要领及注意事项 9. 压合机、整圆硫化机及硫化罐的操作要求 10. 轮胎罐硫化的基本知识及操作要领

（续）

职业功能	工作内容	技能要求	相关知识
三、检验与安装	（一）轮胎修复质量检验	1. 能检测花纹周向错位程度 2. 能检测出胎侧和胎冠杂质印痕及其深度 3. 能检测胎圈损伤和变形程度 4. 能检测出衬垫及衬垫黏合面小面积脱空（长径大于 10 mm） 5. 能检测出胎面和胎肩与胎体黏合面小面积脱空（长径大于 15 mm） 6. 能对修补后的轮胎进行动平衡检查和处理	1. 花纹周向错位的检测方法 2. 胎侧和胎冠杂质印痕缺陷形成的原因、检测方法和预防措施 3. 胎圈损伤和变形的检查方法 4. 衬垫及衬垫黏合面脱空的检验方法 5. 胎面和胎肩与胎体黏合面小面积脱空的检验方法 6. 修补后轮胎静平衡检查和处理方法
	（二）车轮安装与调整	1. 能根据轮胎的磨损或修理情况进行轮胎换位安装 2. 能对车轮的定位和偏摆进行检查与调整	1. 轮胎更换和换位的技术要求 2. 车轮定位的检查与调整方法 3. 车轮偏摆的原因及调整方法
四、设备维护	轮胎修理设备维护	1. 能维护压合机 2. 能维护整圆硫化机 3. 能维护硫化罐	1. 压合机维护方法 2. 整圆硫化机维护方法 3. 硫化罐维护方法
五、管理与培训	（一）培训与指导	1. 能编写技能培训计划和教案 2. 能对本职业低级别人员进行技术指导	1. 培训计划和教案的编写要求 2. 技能培训的特点和方法
	（二）技术管理	1. 能进行轮胎修补、轮胎翻修成本核算和定额管理 2. 能制订轮胎修理安全操作规范	1. 成本核算和定额管理知识 2. 轮胎修理操作规范的制订方法

6 比重表

6.1 理论知识

项　目		初级 %	中级 %	高级 %
基本要求	职业道德	5	5	5
	基础知识	25	20	15
相关知识	拆卸与鉴定	10	10	5
	修补与翻修	35	40	40
	检验与安装	15	15	15
	设备维护	10	10	10
	培训与管理	—	—	10
	合计	100	100	100

6.2 技能操作

项　目		初级 %	中级 %	高级 %
技能要求	拆卸与鉴定	15	15	8
	修补与翻修	50	50	50
	安装与检验	20	20	18
	设备维护	15	15	12
	管理与培训	—	—	12
	合计	100	100	100

ICS 03.100.30
A 18

中华人民共和国农业行业标准

NY/T 2145—2012

设施农业装备操作工

Facility agriculture equipment operators

2012-03-01 发布

2012-06-01 实施

中华人民共和国农业部 发布

前　言

本标准按照 GB/T 1.1—2009 给出的规则起草。

本标准由农业部人事劳动司提出并归口。

本标准起草单位：农业部农机行业职业技能鉴定指导站。

本标准主要起草人：熊波、温芳、田金明、叶宗照、孙彦玲、张文艳、陈兰。

设施农业装备操作工

1 范围

本标准规定了设施农业装备操作工职业的基本要求和工作要求。

本标准适用于设施农业装备操作工的职业技能鉴定。

2 术语和定义

下列术语和定义适用于本文件。

2.1

设施农业装备操作工 facility agriculture equipment operators

操作设施农业装备进行设施农业生产活动的人员。

2.2

设施农业装备 facility agriculture equipment

在设施农业生产中所使用的农业机械与装备。

3 职业概况

3.1 职业等级

本职业共设三个等级,分别为:初级(国家职业资格五级)、中级(国家职业资格四级)、高级(国家职业资格三级)。

3.2 职业环境条件

室内,常温,潮湿。

3.3 职业能力特征

具有一定的观察、判断、应变能力;四肢灵活,动作协调。

3.4 基本文化程度

初中毕业。

3.5 培训要求

3.5.1 培训期限

全日制职业学校教育,根据其培养目标和教学计划确定。晋级培训期限:初级不少于180标准学时,中级不少于150标准学时,高级不少于120标准学时。

3.5.2 培训教师

培训初级的教师应具有本职业高级职业资格证书或相关专业初级以上专业技术职务任职资格;培训中、高级的教师应具有本职业高级职业资格证书3年以上或相关专业中级以上专业技术职务任职资格。

3.5.3 培训场地与设备

满足教学需要的标准教室和实践场所,以及必要的教具和设备。

3.6 鉴定要求

3.6.1 适用对象

从事或准备从事本职业的人员。

3.6.2 申报条件

3.6.2.1 初级(具备下列条件之一者)

a) 经本职业初级正规培训达规定标准学时数,并取得结业证书;

b) 在本职业连续见习工作 2 年以上。

3.6.2.2 中级(具备下列条件之一者)

a) 取得本职业初级职业资格证书后,连续从事本职业工作 1 年,经本职业中级正规培训达规定标准学时数,并取得结业证书;

b) 取得本职业初级职业资格证书后,连续从事本职业工作 3 年以上;

c) 连续从事本职业工作 4 年以上,经本职业中级正规培训达规定标准学时数,并取得结业证书;

d) 连续从事本职业工作 6 年以上;

e) 取得经人力资源和社会保障部门审核认定的、以中级技能为培养目标的中等以上职业学校相关专业的毕业证书。

3.6.2.3 高级(具备下列条件之一者)

a) 取得本职业中级职业资格证书后,连续从事本职业工作 2 年以上,经本职业高级正规培训达规定标准学时数,并取得结业证书;

b) 取得本职业中级职业资格证书后,连续从事本职业工作 4 年以上;

c) 连续从事本职业工作 9 年以上,经本职业高级正规培训达规定标准学时数,并取得结业证书;

d) 取得人力资源和社会保障部门审核认定的、以高级技能为培养目标的高级技工学校或高等职业学校相关专业的毕业证书;

e) 取得本专业或相关专业大专以上毕业证书,经本职业高级正规培训达规定标准学时数,并取得结业证书;

f) 取得本专业或相关专业大专以上毕业证书,连续从事本职业工作 2 年以上。

3.6.3 鉴定方式

分为理论知识考试和技能操作考核。理论知识考试采用闭卷笔试方式,技能操作考核采用现场实际操作方式。理论知识考试和技能操作考核均实行百分制,成绩皆达到 60 分以上者为合格。

3.6.4 考评人员与考生配比

理论知识考试考评人员与考生配比为 1∶20,每个标准教室不少于 2 名考评人员;技能操作考核考评员与考生配比为 1∶5,且不少于 3 名考评人员。职业资格考评组成员不少于 5 人。

3.6.5 鉴定时间

理论知识考试为 120 min;技能操作考核时间,根据考核项目而定,但不少于 90 min。

3.6.6 鉴定场所设备

理论知识考试在标准教室进行;技能操作考核在具备必要考核设备的实践场所进行。

4 基本要求

4.1 职业道德

4.1.1 职业道德基本知识

4.1.2 职业守则

遵章守法,爱岗敬业;

规范操作,安全生产;

钻研技术,节能降耗;

诚实守信,优质服务。

4.2 基础知识

4.2.1 机电常识

a) 农机常用油料的名称、牌号、性能、用途;

b) 机械传动常识；

c) 电工常识。

4.2.2 设施农业常识

a) 设施农业的类型和功能；

b) 设施园艺种植基础知识；

c) 设施畜禽养殖基础知识；

d) 设施水产养殖基础知识。

4.2.3 设施农业装备基础知识

a) 设施园艺装备的种类及用途；

b) 设施畜禽养殖装备的种类及用途；

c) 设施水产养殖装备的种类及用途。

4.2.4 安全及环境保护知识

a) 农业机械运行安全技术条件的相关知识；

b) 环境保护法规的相关知识；

c) 设施农业装备安全使用知识。

5 工作要求

本标准对初级、中级、高级的技能要求依次递进，高级别涵盖低级别的要求。

由于本职业包括设施园艺种植、设施畜禽养殖、设施水产养殖三个相对独立的工作内容，职业技能培训和鉴定考核时，可根据申报人的情况，从中选择某一工作内容进行，其管理与培训的工作内容为共用。

5.1 初级

职业功能	工作内容	技能要求	相关知识
一、作业准备	（一）设施园艺种植	1. 能做好设施园艺机械与设备作业前的劳动防护 2. 能进行微型耕整地机械、植保机械、排灌机械等设施园艺机械与设备的技术状态检查 3. 能进行卷帘机、拉幕机等机械与设备的技术状态检查 4. 能根据设施园艺要求准备作业物料	1. 设施园艺机械与设备作业劳动保护知识及安全作业技术要求 2. 微型耕整地机械、植保机械、排灌机械等设施园艺机械与设备技术状态检查的内容和方法 3. 卷帘机、拉幕机等机械与设备技术状态检查的内容和方法 4. 设施园艺作业物料常识
	（二）设施畜禽养殖	1. 能做好设施畜禽养殖机械与设备作业前的劳动防护 2. 能进行畜禽饮水设备、饲喂机等养殖机械的技术状态检查 3. 能进行设施畜禽养殖的简单调温、通风等机械与设备的技术状态检查 4. 能根据设施畜禽养殖要求准备作业物料	1. 设施畜禽养殖机械与设备作业劳动保护知识及安全作业技术要求 2. 畜禽饮水设备、饲喂机等养殖机械技术状态检查的内容和方法 3. 设施畜禽养殖的简单调温、通风等机械与设备技术状态检查的内容和方法 4. 畜禽养殖物料常识
	（三）设施水产养殖	1. 能做好设施水产养殖机械作业前的劳动防护 2. 能进行水产增氧机、投饲机等水产养殖机械的技术状态检查 3. 能根据设施水产养殖要求准备作业物料	1. 设施水产养殖机械作业劳动保护知识及安全作业技术要求 2. 水产增氧机、投饲机等水产养殖机械技术状态检查的内容和方法 3. 水产养殖物料常识

（续）

职业功能	工作内容	技能要求	相关知识
二、作业实施	（一）设施园艺种植	1. 能操作微型耕整地机械、植保机械、排灌机械等设施园艺机械与设备进行作业 2. 能操作卷帘机、拉幕机等机械与设备进行作业	1. 微型耕整地机械、植保机械、排灌机械等设施园艺机械与设备的类型及组成和使用方法 2. 卷帘机、拉幕机等机械与设备的类型及组成和使用方法
	（二）设施畜禽养殖	1. 能操作畜禽饮水设备、饲喂机等进行作业 2. 能操作简单调温、通风等设施畜禽养殖机械与设备进行作业	1. 畜禽饮水设备、饲喂机等机械与设备的类型及组成和使用方法 2. 简单调温、通风等设施畜禽养殖机械与设备的类型及组成和使用方法
	（三）设施水产养殖	1. 能操作增氧机进行作业 2. 能操作投饲机等水产养殖机械进行作业	1. 增氧机的种类及组成和使用方法 2. 投饲机等水产养殖机械的种类及组成和使用方法
三、故障诊断与排除	（一）设施园艺种植	1. 能判断和排除微型耕整地机械、植保机械、排灌机械等设施园艺机械与设备的故障 2. 能判断和排除卷帘机、拉膜机等机械与设备的故障	1. 微型耕整地机械、植保机械、排灌机械等设施园艺机械与设备的主要部件、结构及工作过程 2. 微型耕整地机械、植保机械、排灌机械等设施园艺机械与设备故障的原因和排除方法 3. 卷帘机、拉膜机等设施园艺机械与设备的主要部件、结构及工作过程 4. 卷帘机、拉膜机等设施园艺机械与设备故障的原因和排除方法
	（二）设施畜禽养殖	1. 能判断和排除畜禽饮水设备、饲喂机等设施畜禽养殖机械设备的故障 2. 能判断和排除简单调温、通风等设施畜禽养殖机械与设备的故障	1. 畜禽饮水机械、饲喂机等畜禽养殖机械的主要部件、结构及工作过程 2. 畜禽饮水设备、饲喂机等设施养殖机械设备故障的原因和排除方法 3. 简单调温、通风等设施畜禽养殖机械与设备的主要部件、结构及工作过程 4. 简单调温、通风等设施畜禽养殖机械与设备故障的原因和排除方法
	（三）设施水产养殖	1. 能判断和排除增氧机的故障 2. 能判断和排除投饲机等水产养殖机械的故障	1. 增氧机的主要部件、结构及工作过程 2. 投饲机等水产养殖机械的主要部件、结构及工作过程 3. 增氧机、投饲机等水产养殖机械故障的原因和排除方法
四、装备技术维护	（一）设施园艺种植	1. 能进行微型耕整地机械、植保机械、排灌机械等设施园艺机械与设备的技术维护 2. 能进行卷帘机、拉膜机等机械与设备的技术维护	1. 微型耕整地机械、植保机械、排灌机械等设施园艺机械与设备的技术维护内容、方法及注意事项 2. 卷帘机、拉膜机等机械与设备的技术维护内容、方法及注意事项
	（二）设施畜禽养殖	1. 能进行畜禽饮水设备、饲喂机等机械设备的技术维护 2. 能进行简单调温、通风等设施畜禽养殖机械与设备的技术维护	1. 畜禽饮水设备、饲喂机等机械设备的技术维护内容、方法及注意事项 2. 简单调温、通风等设施畜禽养殖机械与设备的技术维护内容、方法及注意事项
	（三）设施水产养殖	1. 能进行增氧机的技术维护 2. 能进行投饲机等水产养殖机械的技术维护	1. 增氧机的技术维护内容、方法及注意事项 2. 投饲机等水产养殖机械技术维护内容、方法及注意事项

5.2 中级

职业功能	工作内容	技能要求	相关知识
一、作业准备	(一)设施园艺种植	1. 能进行小型耕整机、起垄机、播种施肥机等设施园艺机械的技术状态检查 2. 能进行小型温室通风、调温、调湿、调光和二氧化碳浓度调节等环境检测和调节仪器及设备的技术状态检查	1. 小型耕整机、起垄机、播种施肥机等设施园艺机械技术状态检查的内容与方法 2. 小型温室通风、调温、调湿、调光和二氧化碳浓度调节等环境检测和调节仪器及设备技术状态检查的内容与方法
	(二)设施畜禽养殖	1. 能进行挤奶机、家禽孵化设备等畜禽养殖机械与设备的技术状态检查 2. 能进行设施畜禽养殖场舍通风、调温、调湿等环境检测和调节仪器及设备的技术状态检查	1. 挤奶机、家禽孵化设备等畜禽养殖机械与设备技术状态检查的内容与方法 2. 设施畜禽养殖场舍通风、调温、调湿等环境检测和调节仪器及设备技术状态检查的内容和方法
	(三)设施水产养殖	1. 能进行潜水泵、排灌机组等水产养殖用排灌机械的技术状态检查 2. 能进行清塘机械设备的技术状态检查 3. 能进行小型温室水产养殖场地调温等环境检测和调节仪器及设备的技术状态检查	1. 潜水泵、排灌机组等排灌机械技术状态检查的内容与方法 2. 清塘机械设备技术状态检查的内容与方法 3. 小型温室水产养殖场地调温等环境检测和调节仪器及设备技术状态检查的内容与方法
二、作业实施	(一)设施园艺种植	1. 能操作小型耕整机、起垄机、播种施肥机等设施园艺机械进行作业 2. 能操作小型温室通风、调温、调湿、调光和二氧化碳浓度调节等环境检测和调节仪器及设备进行作业	1. 小型耕整机、起垄机、播种施肥机等设施园艺机械的种类、组成及使用方法 2. 小型温室通风、调温、调湿、调光和二氧化碳浓度调节等环境检测和调节仪器及设备的种类、组成及使用方法
	(二)设施畜禽养殖	1. 能操作挤奶机、家禽孵化设备等畜禽养殖机械与设备进行作业 2. 能操作设施畜禽养殖场舍通风、调温、调湿等环境检测和调节仪器及设备进行作业	1. 挤奶机、家禽孵化设备等畜禽养殖机械与设备的种类、组成及使用方法 2. 设施畜禽养殖场舍通风、调温、调湿等环境检测和调节仪器及设备的种类、组成及使用方法
	(三)设施水产养殖	1. 能操作潜水泵、排灌机组等机械进行排灌作业 2. 能操作清塘机械设备进行清塘作业 3. 能操作小型温室水产养殖场地调温等环境检测和调节仪器及设备进行作业	1. 潜水泵、排灌机组等排灌机械的种类、组成及使用方法 2. 清塘机械设备的种类、组成及使用方法 3. 小型温室水产养殖场地调温等环境检测和调节仪器及设备的种类、组成及使用方法
三、故障诊断与排除	(一)设施园艺种植	1. 能判断和排除小型耕整机、起垄机、播种施肥机等设施园艺机械的故障 2. 能判断和排除小型温室通风、调温、调湿、调光和二氧化碳浓度调节等环境检测和调节仪器及设备的故障	1. 小型耕整机、起垄机、播种施肥机等设施园艺机械的主要部件、结构和工作过程 2. 小型耕整机、起垄机、播种施肥机等设施园艺机械故障的原因及排除方法 3. 小型温室通风、调温、调湿、调光和二氧化碳浓度调节等环境检测和调节仪器及设备的主要部件、结构和工作过程 4. 小型温室通风、调温、调湿、调光和二氧化碳浓度调节等环境检测和调节仪器及设备故障的原因及排除方法

（续）

职业功能	工作内容	技能要求	相关知识
三、故障诊断与排除	（二）设施畜禽养殖	1. 能判断和排除挤奶机、家禽孵化设备等畜禽养殖机械与设备的故障 2. 能判断和排除设施畜禽养殖场舍通风、调温、调湿等环境检测和调节仪器及设备的故障	1. 挤奶机、家禽孵化设备等畜禽养殖机械与设备的主要部件、结构及工作过程 2. 挤奶机、家禽孵化设备等畜禽养殖机械与设备的故障原因及排除方法 3. 设施畜禽养殖场舍通风、调温、调湿等环境检测和调节仪器及设备的主要部件、结构及工作过程 4. 设施畜禽养殖场舍通风、调温、调湿等环境检测和调节仪器及设备的故障原因及排除方法
	（三）设施水产养殖	1. 能判断和排除潜水泵、排灌机组等排灌机械的故障 2. 能判断和排除清塘机械设备的故障 3. 能判断和排除小型温室水产养殖场地调温等环境检测和调节仪器及设备的故障	1. 潜水泵、排灌机组等排灌机械的主要部件、结构及工作过程 2. 潜水泵、排灌机组等排灌机械故障的原因及排除方法 3. 清塘机械设备的主要部件、结构及工作过程 4. 清塘机械设备故障的原因及排除方法 5. 小型温室水产养殖场地调温等环境检测和调节仪器及设备主要部件、结构及工作过程 6. 小型温室水产养殖场地调温等环境检测和调节仪器及设备故障的原因及排除方法
四、装备技术维护	（一）设施园艺种植	1. 能进行小型耕整机、起垄机、播种施肥机等机械的技术维护 2. 能进行小型温室通风、调温、调湿、调光和二氧化碳浓度调节等环境检测和调节仪器及设备的技术维护	1. 小型耕整机、起垄机、播种施肥机等机械的技术维护内容、方法和注意事项 2. 小型温室通风、调温、调湿、调光和二氧化碳浓度调节等环境检测和调节仪器及设备的技术维护内容、方法和注意事项
	（二）设施畜禽养殖	1. 能进行挤奶机、家禽孵化设备等畜禽养殖机械与设备的技术维护 2. 能进行设施畜禽养殖场舍通风、调温、调湿等环境检测和调节仪器及设备的技术维护	1. 挤奶机、家禽孵化设备等畜禽养殖机械与设备的技术维护内容、方法及注意事项 2. 设施畜禽养殖场舍通风、调温、调湿等环境检测和调节仪器及设备的技术维护内容、方法及注意事项
	（三）设施水产养殖	1. 能进行潜水泵、排灌机组等排灌机械的技术维护 2. 能进行清塘机械设备的技术维护 3. 小型温室水产养殖场地调温等环境检测和调节仪器及设备的技术维护	1. 潜水泵、排灌机组等排灌机械的技术维护内容、方法及注意事项 2. 清塘机械设备的技术维护内容、方法及注意事项 3. 小型温室水产养殖场地调温等环境检测和调节仪器及设备的技术维护内容、方法及注意事项

5.3 高级

职业功能	工作内容	技能要求	相关知识
一、作业准备	（一）设施园艺种植	1. 能进行土壤消毒机、工厂化育苗设备、栽植机、移苗机、作物收获机等设施园艺机械的技术状态检查 2. 能进行嫁接机等设施园艺智能化作业机械的技术状态检查 3. 能进行土壤水分测量仪、土壤pH测量仪、土壤电导率测量仪等土壤检测仪器及调控设备的技术状态检查 4. 能进行连栋温室环境自动检测和调控仪器及设备的技术状态检查	1. 土壤消毒机、工厂化育苗设备、栽植机、移苗机、作物收获机等设施园艺机械技术状态检查的内容与方法 2. 嫁接机等设施园艺智能化作业机械技术状态检查的内容与方法 3. 土壤水分测量仪、土壤pH测量仪、土壤电导率测量仪等土壤检测仪器及调控设备技术状态检查的内容与方法 4. 连栋温室环境自动检测和调控仪器及设备技术状态检查的内容与方法
	（二）设施畜禽养殖	1. 能进行畜禽粪便收集和处理机械与设备的技术状态检查 2. 能进行畜禽消毒和防疫机械与设备的技术状态检查 3. 能进行畜禽养殖场舍环境自动检测和调控仪器及设备的技术状态检查	1. 畜禽粪便收集和处理机械与设备技术状态检查的内容与方法 2. 畜禽消毒和防疫机械与设备技术状态检查的内容与方法 3. 畜禽养殖场舍环境自动检测和调控仪器及设备技术状态检查的内容与方法
	（三）设施水产养殖	1. 能进行鱼苗等水产品育苗机械与设备的技术状态检查 2. 能进行水质净化机械设备的技术状态检查 3. 能进行水质监测仪器设备的技术状态检查 4. 能进行水产温室养殖场地环境自动检测和调控仪器及设备的技术状态检查	1. 鱼苗等水产品育苗机械与设备技术状态检查的内容与方法 2. 水质净化机械设备技术状态检查的内容与方法 3. 水质监测仪器设备技术状态检查的内容与方法 4. 水产温室养殖场地环境自动检测和调控仪器及设备技术状态检查的内容与方法
二、作业实施	（一）设施园艺种植	1. 能操作土壤消毒机、工厂化育苗设备、栽植机、移苗机、作物收获机等设施园艺机械进行作业 2. 能操作嫁接机等设施园艺智能化作业机械进行作业 3. 能操作土壤水分测量仪、土壤pH测量仪、土壤电导率测量仪等土壤检测仪器与调节设备进行土壤理化检验及调控作业 4. 能操作连栋温室环境自动检测和调控仪器及设备进行作业	1. 土壤消毒机、工厂化育苗设备、栽植机、移苗机、作物收获机等设施园艺作业机械的种类、组成及使用方法 2. 嫁接机等设施园艺智能化作业机械的种类、组成及使用方法 3. 土壤水分测量仪、土壤pH测量仪、土壤电导率测量仪等土壤检测仪器与调控设备的种类、组成及使用方法 4. 连栋温室环境自动检测和调控仪器及设备的种类、组成及使用方法
	（二）设施畜禽养殖	1. 能操作畜禽粪便收集和处理机械与设备等进行作业 2. 能操作畜禽消毒和防疫机械设备进行消毒和防疫作业 3. 能操作畜禽养殖场舍环境自动检测和调控仪器及设备进行作业	1. 畜禽粪便收集和处理机械与设备的种类、组成及使用方法 2. 畜禽消毒和防疫机械设备的种类、组成及使用方法 3. 畜禽养殖场舍环境自动检测和调控仪器及设备的种类、组成及使用方法
	（三）设施水产养殖	1. 能操作鱼苗等水产品育苗机械设备进行作业 2. 能操作水质净化机械设备进行水质处理作业 3. 能操作水质监测仪器设备对水产养殖的水质进行检验 4. 能操作水产温室养殖场地环境自动检测和调控仪器及设备进行作业	1. 鱼苗等水产品育苗机械设备的种类、组成及使用方法 2. 水质净化机械设备的种类、组成及使用方法 3. 水质监测仪器设备的种类、组成及使用方法 4. 水产温室养殖场地环境自动检测和调控仪器及设备的种类、组成及使用方法

（续）

职业功能	工作内容	技能要求	相关知识
三、故障诊断与排除	（一）设施园艺种植	1. 能判断和排除土壤消毒机、工厂化育苗设备、栽植机、移苗机、作物收获机等设施园艺作业机械的故障 2. 能判断和排除嫁接机等设施园艺智能化作业机械的故障 3. 能判断和排除土壤水分测量仪、土壤pH测量仪、土壤电导率测量仪等土壤检测仪器与调控设备的故障 4. 能判断和排除连栋温室环境自动检测和调控仪器及设备的故障	1. 土壤消毒机、工厂化育苗设备、栽植机、移苗机、作物收获机等设施园艺作业机械的主要部件、结构和工作过程 2. 土壤消毒机、工厂化育苗设备、栽植机、移苗机、作物收获机等设施园艺作业机械故障的原因及排除方法 3. 嫁接机等设施园艺智能化作业机械的主要部件、结构和工作过程 4. 嫁接机等设施园艺智能化作业机械故障的原因及排除方法 5. 土壤水分测量仪、土壤pH测量仪、土壤电导率测量仪等土壤检测仪器与调控设备的主要部件、结构和工作过程 6. 土壤水分测量仪、土壤pH测量仪、土壤电导率测量仪等土壤检测仪器与调控设备故障的原因及排除方法 7. 连栋温室环境自动检测和调控仪器及设备的主要部件、结构和工作过程 8. 连栋温室环境自动检测和调控仪器及设备故障的原因及排除方法
	（二）设施畜禽养殖	1. 能判断和排除畜禽粪便收集和处理机械与设备的故障 2. 能判断和排除畜禽消毒和防疫机械设备的故障 3. 能判断和排除畜禽养殖场舍环境自动检测和调控仪器及设备的故障	1. 畜禽粪便收集和处理机械与设备的主要部件、结构和工作过程 2. 畜禽粪便收集和处理机械与设备故障的原因及排除方法 3. 畜禽消毒和防疫机械设备的主要部件、结构和工作过程 4. 畜禽消毒和防疫机械设备故障的原因及排除方法 5. 畜禽养殖场舍环境自动检测和调控仪器及设备的主要部件、结构和工作过程 6. 畜禽养殖场舍环境自动检测和调控仪器及设备故障的原因及排除方法
	（三）设施水产养殖	1. 能判断和排除鱼苗等水产品育苗机械与设备的故障 2. 能判断和排除水质净化机械设备的故障 3. 能判断和排除水质监测仪器设备的故障 4. 能判断和排除水产温室养殖场地环境自动检测和调控仪器及设备的故障	1. 鱼苗等水产品育苗机械与设备的主要部件、结构和工作过程 2. 鱼苗等水产品育苗机械与设备故障的原因及排除方法 3. 水质监测仪器设备的主要部件、结构和工作过程 4. 水质监测仪器设备故障的原因及排除方法 5. 水质净化机械设备的主要部件、结构和工作过程 6. 水质净化机械设备故障的原因及排除方法 7. 水产温室养殖场地环境自动检测和调控仪器及设备的主要部件、结构和工作过程 8. 水产温室养殖场地环境自动检测和调控仪器及设备故障的原因及排除方法

（续）

职业功能	工作内容	技能要求	相关知识
四、装备技术维护	（一）设施园艺种植	1. 能进行土壤消毒机、工厂化育苗设备、栽植机、移苗机、作物收获机等设施园艺作业机械的技术维护 2. 能进行嫁接机等设施园艺智能化作业机械的技术维护 3. 能进行土壤水分测量仪、土壤pH测量仪、土壤电导率测量仪等土壤检测仪器与调控设备的技术维护 4. 能进行连栋温室环境自动检测和调控仪器及设备的技术维护	1. 土壤消毒机、工厂化育苗设备、栽植机、移苗机、作物收获机等设施园艺作业机械的技术维护内容、方法及注意事项 2. 嫁接机等设施园艺智能化作业机械的技术维护内容、方法及注意事项 3. 土壤水分测量仪、土壤pH测量仪、土壤电导率测量仪等土壤检测仪器与调控设备的技术维护内容、方法及注意事项 4. 连栋温室环境自动检测和调控仪器及设备的技术维护内容、方法及注意事项
	（二）设施畜禽养殖	1. 能进行畜禽粪便收集和处理机械与设备的技术维护 2. 能进行畜禽消毒和防疫机械设备的技术维护 3. 能进行畜禽养殖场舍环境自动检测和调控仪器及设备的技术维护	1. 畜禽粪便收集和处理机械与设备的技术维护内容、方法及注意事项 2. 畜禽消毒和防疫机械设备的技术维护内容、方法及注意事项 3. 畜禽养殖场舍环境自动检测和调控仪器及设备的技术维护内容、方法及注意事项
	（三）设施水产养殖	1. 能进行鱼苗等水产品育苗机械与设备的技术维护 2. 能进行水质净化机械设备的技术维护 3. 能进行水质监测仪器设备的技术维护 4. 能进行水产温室养殖场地环境自动检测和调控仪器及设备的技术维护	1. 鱼苗等水产品育苗机械与设备的技术维护内容、方法及注意事项 2. 水质净化机械设备的技术维护内容、方法及注意事项 3. 水质监测仪器设备的技术维护内容、方法及注意事项 4. 水产温室养殖场地环境自动检测和调控仪器及设备的技术维护内容、方法及注意事项
五、管理与培训	（一）技术管理	1. 能根据设施农业的作业要求和机械与装备性能合理选择、匹配及组织其进行农业作业 2. 能制定设施农业装备作业计划 3. 能进行设施农业装备作业成本核算	1. 设施农业装备运用知识 2. 设施农业作业计划的内容和制定方法 3. 设施农业装备作业成本的内容及核算方法
	（二）培训与指导	1. 能指导本职业初、中级人员进行作业 2. 能对初级人员进行技术培训	1. 培训教育的基本方法 2. 设施农业装备操作工培训的基本要求

6 比重表

6.1 理论知识

项　　　　目		初级，%	中级，%	高级，%
基本要求		30	25	20
相关知识	作业准备	10	10	10
	作业实施	30	30	30
	故障诊断与排除	20	25	20
	装备技术维护	10	10	10
	管理与培训	—	—	10
合　　　　计		100	100	100

6.2 技能操作

项 目		初级,%	中级,%	高级,%
技能要求	作业准备	15	15	15
	作业实施	40	40	40
	故障诊断与排除	25	25	20
	装备技术维护	20	20	15
	管理与培训	—	—	10
合　　计		100	100	100

ICS 65.060.10
T 60

中华人民共和国农业行业标准

NY 2187—2012

拖拉机号牌座设置技术要求

Technical specifications for license plate holder setting on tractors

2012-12-07 发布

2013-03-01 实施

中华人民共和国农业部 发布

前　言

本标准的全部技术内容为强制性。

本标准按照 GB/T 1.1 给出的规则起草。

本标准由农业部农业机械化管理司提出。

本标准由全国农业机械标准化技术委员会农业机械化分技术委员会(SAC/TC 201/SC 2)归口。

本标准起草单位:农业部农业机械试验鉴定总站、农业部农机监理总站、黑龙江省农业机械试验鉴定站、江苏省农业机械试验鉴定站、中国一拖集团有限公司、江苏常发农业装备股份有限公司。

本标准主要起草人:徐志坚、耿占斌、白艳、郭雪峰、孔华祥、张素洁、廖汉平。

拖拉机号牌座设置技术要求

1 范围

本标准规定了轮式拖拉机号牌座的形状、尺寸和安装要求。

本标准适用于轮式拖拉机、拖拉机运输机组、手扶拖拉机和履带拖拉机。

2 术语和定义

下列术语和定义适用于本文件。

2.1

号牌座 license plate holder

用于安装拖拉机号牌的矩形、刚性平面体。

2.2

拖拉机纵向中心面 medium longitudinal plane of tractor

轮式拖拉机为同一轴上左右车轮接地中心点连线的垂直平分面,接地中心点为通过车轮轴线所作支承面的铅垂面与车轮中心面的交线在支承面上的交点。

履带拖拉机为距左右履带中心面等距离的平面。

3 号牌座形状与尺寸

号牌座的形状和尺寸应符合图1的要求,应能使用 M6 的螺栓直接可靠的安装,图中 $a \geqslant 2$ mm,$b \geqslant 7$ mm。

单位为毫米

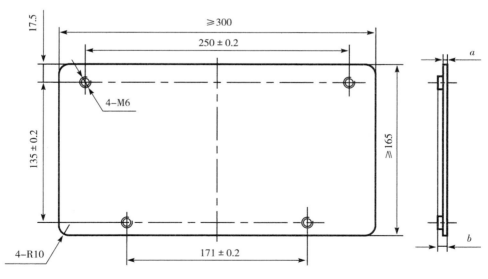

图 1 号牌座的形状和尺寸

4 号牌座设置要求

4.1 设置数量

4.1.1 拖拉机前部应设置一个号牌座。

4.1.2 拖拉机运输机组前部、后部应各设置一个号牌座。

4.2 设置部位

4.2.1 号牌座应设置在拖拉机前部左右对称的中间位置，其下边缘与地面的高度应不小于 0.3 m。

4.2.2 有驾驶室的拖拉机，号牌座宜设置在驾驶室前方最高处的正中间，号牌座上边缘应不超出驾驶室前方的上边缘。

4.2.3 拖拉机运输机组后部的号牌座，应设置在挂车后部下方的中间或左边，号牌座的中点不得处于拖拉机纵向中心面的右方；左边缘不得超出挂车后端左边缘，下边缘离地高度应不小于 0.3 m，离地高度应不大于 2.0 m。

4.2.4 号牌座应竖直安装，其平面应垂直或近似垂直于拖拉机纵向中心面。

4.2.5 拖拉机的号牌座左右对称中心面应与拖拉机纵向中心面重合。

4.2.6 设置在驾驶室上的号牌座，可向前倾斜，最大倾斜角度应不大于 15°。

4.2.7 号牌座材料应不低于 Q235 的强度，厚度应不小于 2 mm。

4.2.8 号牌座宜与机身一体，如结构受到限制，可采用不易拆卸式结构，联接应牢固。

4.3 安全要求

4.3.1 号牌座对驾驶员视野不应有任何遮挡。

4.3.2 号牌座对拖拉机的正常运行、日常维护保养不应有任何影响。

4.3.3 位于拖拉机正前方和正后方（拖拉机运输机组）5 m～20 m 处应能清晰地看到号牌座全貌，不应有视觉死角。

4.3.4 拖拉机运输机组的牌照灯应能照亮号牌座安装区域，其光色应为白色，且只能与位灯同时启闭。

ICS 65.060.50
B 91

中华人民共和国农业行业标准

NY 2188—2012

联合收割机号牌座设置技术要求

Technical specifications for license plate holder setting on combine harvesters

2012-12-07 发布   2013-03-01 实施

中华人民共和国农业部 发布

前　言

本标准的全部技术内容为强制性。

本标准按照 GB/T 1.1 给出的规则起草。

本标准由农业部农业机械化管理司提出。

本标准由全国农业机械标准化技术委员会农业机械化分技术委员会(SAC/TC 201/SC 2)归口。

本标准起草单位:农业部农机监理总站。

本标准主要起草人:胡东元、涂志强、王超、柴小平、刘林林。

联合收割机号牌座设置技术要求

1 范围

本标准规定了联合收割机号牌座的形状、尺寸、设置要求和安装要求。

本标准适用于自走式收获机械。

2 技术要求

2.1 联合收割机应在前面和后面明显位置各设置一个号牌座，位置分别在前面的中部或右部（面对联合收割机前方），后面的中部或左部（面对联合收割机后方）。

2.2 号牌座宜设置在联合收割机机身上。受结构限制，单独设计的号牌座采用不易拆卸式结构，应有足够的强度和刚度，厚度不低于 2 mm。

2.3 号牌座边缘不应超出联合收割机机身的外缘。

2.4 号牌座不应有锐利的边缘。

2.5 单独设置的号牌座不应对联合收割机的运行、日常维护保养有影响。

2.6 设置在驾驶室上的号牌座，可向下倾斜，向下倾斜的最大角度不超过 15°。

2.7 联合收割机在道路行驶状态时，位于联合收割机纵向对称平面内的正前方和正后方 5 m～20 m 处应能观察到号牌的全貌，不应有观察死角。

2.8 号牌座平面的大小及安装螺孔位置尺寸，应符合图 1 的规定，应能使用 M6 的固封螺栓直接可靠的安装。图中 $a \geqslant 2$ mm，$b \geqslant 7$ mm。

单位为毫米

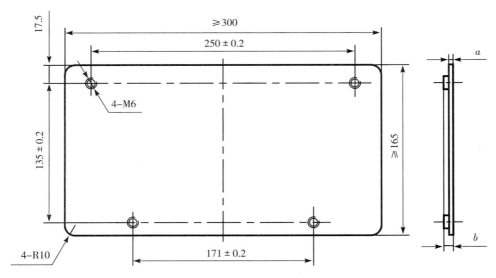

图 1 号牌座平面的大小及安装螺孔位置尺寸

ICS 65.060.20
B 91

中华人民共和国农业行业标准

NY 2189—2012

微耕机　安全技术要求

Safety technical requirements for handheld tillers

2012-12-07 发布

2013-03-01 实施

中华人民共和国农业部 发布

前　言

本标准的全部技术内容为强制性。

本标准按照 GB/T 1.1 给出的规则起草。

本标准由农业部农业机械化管理司提出。

本标准由全国农业机械标准化技术委员会农业机械化分技术委员会(SAC/TC 201/SC 2)归口。

本标准起草单位:重庆市农业机械鉴定站、重庆合盛工业有限公司、重庆市宗申通用动力机械有限公司、重庆鑫源农机股份有限公司。

本标准主要起草人:杨懿、任宏生、杨明江、穆斌、陈恳、熊卓宇、李春东。

微耕机 安全技术要求

1 范围

本标准规定了微耕机产品安全技术要求。

本标准适用于标定功率不大于 7.5 kW、可以直接用驱动轮轴驱动旋转工作部件(如旋耕),主要用于水、旱田耕整,田园管理,设施农业等耕耘作业为主的机动微耕机。

2 规范性引用文件

下列文件对于本文件的应用是必不可少的。凡是注日期的引用文件,仅注日期的版本适用于本文件。凡是不注日期的引用文件,其最新版本(包括所有的修改单)适用于本文件。

GB/T 9480 农林拖拉机和机械、草坪和园艺动力机械 使用说明书编写规则

GB 10396 农林拖拉机和机械、草坪和园艺动力机械 安全标志和危险图形 总则

GB 20891 非道路移动机械用柴油机排气污染物排放限值及测量方法(中国Ⅰ、Ⅱ阶段)

GB 26133 非道路移动机械用小型点燃式发动机排气污染物排放限值与测量方法(中国第一、二阶段)

JB/T 10266.1 微型耕耘机 技术条件

3 安全技术要求

3.1 密封性能

3.1.1 配套发动机各密封面和管接处,不允许出现油、水、气渗漏。

3.1.2 传动箱不得有渗漏现象。

3.2 噪声

3.2.1 动态环境噪声应符合 JB/T 10266.1 的规定。

3.2.2 操作人员操作位置处噪声应符合 JB/T 10266.1 的规定。

3.3 排气污染物

3.3.1 微耕机用柴油机排气污染物排放限值应满足 GB 20891 的规定。

3.3.2 微耕机用汽油机排气污染物排放限值应满足 GB 26133 的规定。

3.4 防护要求

3.4.1 防护装置

3.4.1.1 防护装置必须有足够的强度、刚度,在正常使用时不应产生裂缝、撕裂或永久变形。在极限使用温度条件下其强度应保持不变。

3.4.1.2 防护装置应固定牢固,不使用工具无法拆卸。

3.4.1.3 防护装置应无尖角和锐棱。

3.4.1.4 防护装置不得妨碍微耕机的操作和日常保养。

3.4.2 耕作部件

3.4.2.1 旋耕刀或旋转工作部件的防护应确保微耕机在工作状态下,能防止操作者触及旋耕刀或旋转工作部件的任何部位,并能有效遮挡飞溅的泥水。

3.4.2.2 在微耕机机架处于水平位置时,覆盖旋耕刀或旋转工作部件的防护装置向后的角度与垂直方

向不小于 60°(见图 1)。

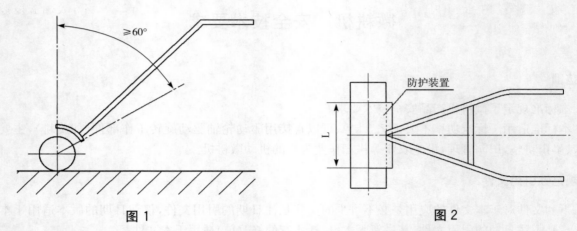

图 1   图 2

3.4.2.3 旋耕刀或旋转工作部件防护装置的最小长度应符合表 1 的规定(见图 2)。

表 1 防护装置的最小长度

单位为毫米

总工作幅宽	防护装置的最小长度 L
＜600	总工作幅宽
≥600	600

3.4.2.4 连接扶手末端直线的中点在水平面内的投影和旋耕刀或旋转工作部件的回转外缘在同一水平面的投影之间的距离不应小于 900 mm,当水平扶手与微耕机的运动方向不平行时,该距离不应小于 500 mm(见图 3)。

3.4.2.5 当离工作部件水平距离 550 mm 处两扶手把间距离不小于 320 mm 时,两扶手把间应设置横杆(见图 3),否则两扶手把间可以不设置横杆(见图 4)。

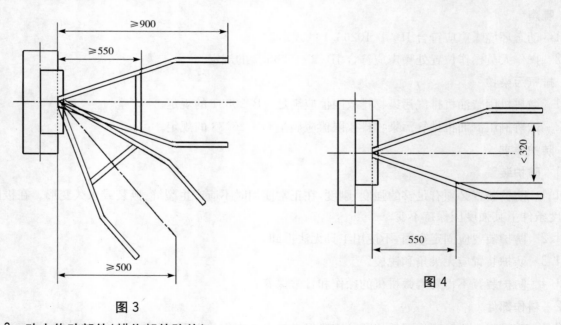

图 3   图 4

3.4.3 动力传动部件(耕作部件除外)

动力传动齿轮、链条、链轮、皮带、摩擦传动装置、皮带轮等以及其他运动部件,可能发生挤压或剪切危险的部件均应有可靠的防护装置或其他防护措施。传动轴应完全防护。

3.4.4 发热部件防护

发动机排气部件面积大于 10 cm² 且在微耕机正常运行时环境温度（20±3）℃下，表面温度超过 80℃，则需要使用防护装置或防护罩。防护装置或防护罩的表面温度应小于等于 80℃。

3.4.5 排气的防护

发动机的排气方向应避开操纵位置处的操作者。

3.5 操纵机构

3.5.1 操纵机构的位置和移动范围应便于操作者操纵。

3.5.2 微耕机在操作者手离开操纵手柄后，旋耕刀或旋转工作部件应立即停止运转。

3.5.3 发动机转速操纵手柄远离操作者（通常向前和/或向上）移动应使发动机转速增加；操纵手柄朝向操作者（通常向后和/或向下）移动应使发动机转速降低。

3.5.4 微耕机在非作业状态应能可靠切断动力传输。

3.5.5 前进挡和倒挡之间应设置空挡。

3.5.6 应设置动力源停机装置，该装置应为不需要操作者持续施力即可停机。处于停机位置时，只有经过人工恢复到正常位置方能再起动。

3.5.7 在操作者正常作业位置上应能容易地接触到停机装置。

3.5.8 离合机构、油门机构、换挡机构等操纵机构都应有相应的操作指示。

3.5.9 扶手架应有足够强度，在正常作业状态下，不应变形。

3.5.10 扶手架应能上下调整。

3.6 起动系统

3.6.1 手起动的柴油机应设置减压装置，该装置在起动期间无需用手扶住。

3.6.2 电起动微耕机应设置有电源开关，避免直接起动。

3.6.3 发动机起动轴不得外露。

3.6.4 手摇起动发动机脱开角不应大于 35°，脱开行程不应大于 100 mm。

3.7 紧固件

3.7.1 微耕机重要部位联接安装螺栓副，螺栓强度等级不应低于 8.8 级，螺母不应低于 8 级，并牢固可靠。

3.7.2 其他功能部件上的螺栓副应紧固，防松措施可靠。

3.8 稳定性

微耕机沿任意方向停放在 8.5°的干硬坡道上应保持稳定。

3.9 电气要求

3.9.1 对于与表面有潜在摩擦接触位置的电缆应进行防护。

3.9.2 电缆应设置在不触及发热部件、不接近运动部件或锋利边缘的位置。

3.9.3 蓄电池应固定牢固，以防在正常作业工况中的颠簸移位和接线柱松开。其上盖应具有足够的刚度，不得在正常作业条件下由于盖的扭曲变形导致短路。

3.9.4 蓄电池的极柱和未绝缘电气件应进行防护，防止水、油或工具等造成短路。

3.10 安全标志

3.10.1 安全标志的构成、颜色、尺寸、图形等应符合 GB 10396 的规定。安全标志参见附录 A。

3.10.2 外露运动部件、动力传动部件、发动机排气管、发动机燃油箱、旋耕刀或旋转工作部件等有危险的部位，应设置有醒目的永久性安全标志。安全标志参见图 A.1～图 A.5。

3.10.3 应在微耕机明显部位固定醒目的与微耕机保持安全距离标志、耳目保护安全标志、防超速安全标志、阅读使用说明书标志、转向标志。安全标志参见图 A.6～图 A.9。

3.10.4 永久性安全标志在正常清洗时不应褪色、脱色、开裂和起泡。

3.10.5 安全标志不应出现卷边,在溅上汽油或机油后其清晰度不应受影响。

3.10.6 安全标志应能经受高压冷水的冲洗。

3.11 使用说明书

3.11.1 使用说明书的编制应符合 GB/T 9480 的规定。

3.11.2 使用说明书应重现微耕机上的安全标志,并指出安全标志的固定位置。使用无文字安全标志时,使用说明书应用文字解释安全标志的意义。

3.11.3 使用说明书应有详细的安全使用技术要求,应包括、但不限于下列内容:

    a) 初次使用微耕机前,应详细阅读使用说明书,明确安全操作规程和危险部件安全警示标志所提示的内容,了解微耕机的结构,熟悉其性能和操作方法;

    b) 严禁提高发动机额定转速;

    c) 严禁疲劳和饮酒的人、未经培训合格的人、孕妇、病人和未成年人操作微耕机;

    d) 微耕机在室内作业,应保证通风良好;

    e) 操作微耕机时,应扎紧衣服、袖口,长发者还应戴防护帽,并戴护目镜和护耳罩;

    f) 在起动发动机前,应分离所有离合器,并挂空挡;

    g) 微耕机作业前准备工作:

        1) 应按照使用说明书的要求加注燃油、机油或/和水,并检查紧固件是否拧紧;

        2) 微耕机作业前,应确认人员在安全距离外;

        3) 微耕机起动前,应试运转,试运转应无异常声响和振动。

    h) 微耕机作业中,如发生异常声响或振动应立即停机检查,不允许在机具运转时排除故障和障碍;

    i) 在使用倒挡时,应观察后面并小心操纵;

    j) 微耕机下坡行走时,严禁空挡滑行;

    k) 微耕机田间转移时应将耕刀卸下,装上行走轮。

附 录 A

（资料性附录）

安 全 标 志 示 例

A.1 防护装置安全标志示例见图 A.1。

图 A.1 防护装置安全标志

A.2 防烫伤安全标志示例见图 A.2。

图 A.2 防烫伤安全标志

A.3 防火安全标志示例见图 A.3。

图 A.3 防火安全标志

A.4 旋耕刀防护装置安全标志示例见图 A.4。

图 A.4 旋耕刀防护装置安全标志

A.5 旋耕刀安全标志示例见图 A.5。

图 A.5 旋耕刀安全标志

A.6 安全距离安全标志示例见图 A.6。

图 A.6 安全距离安全标志

A.7 耳目保护安全标志示例见图 A.7。

图 A.7 耳目保护安全标志

A.8 防超速标志示例见图 A.8。

图 A.8 防超速标志

A.9 阅读使用说明书标志示例见图 A.9。

使用微耕机前，
要仔细阅读使用
说明书，操作时
遵循使用说明和
安全规则。

图 A.9 阅读使用说明书标志

ICS 65.060.01
B 90

中华人民共和国农业行业标准

NY/T 2190—2012

机械化保护性耕作　名词术语

Terms for mechanized conservation tillage

2012-12-07 发布

2013-03-01 实施

中华人民共和国农业部 发布

前　言

本标准按照 GB/T 1.1 给出的规则起草。

本标准由农业部农业机械化管理司提出。

本标准由全国农业机械标准化技术委员会农业机械化分技术委员会(SAC/TC 201/SC 2)归口。

本标准起草单位:农业部农业机械试验鉴定总站。

本标准主要起草人:刘博、金红伟、田金明、朱慧琴、周崇英。

机械化保护性耕作 名词术语

1 范围

本标准规定了机械化保护性耕作相关的术语和定义。

本标准适用于机械化保护性耕作。

2 术语和定义

下列术语和定义适用于本文件。

2.1

根茬 crop stubble

作物收割后,植株下段切断处至埋在土壤中主根系的部分。

2.2

残茬 crop residue

作物收获后留存在地表上的作物秸秆、根茬和杂草的总称。

2.3

碎茬 broken crop residue

经过粉碎处理的残茬。

2.4

整秆覆盖 whole stalk mulching

作物收获后,完整秸秆以直立或倒伏形式保留在地表的状态。

2.5

根茬覆盖 crop stubble mulching

作物收割后,仅有一定高度根茬保留在地表的状态。

2.6

残茬覆盖 crop residue mulching

作物收获后,残茬均匀保留在地表的状态。

2.7

碎茬覆盖 broken crop residue mulching

作物收获后,碎茬均匀留存于地表的状态。

2.8

覆盖率 crop residue mulch rate

在规定区域内,地表上覆盖物所占面积与地表面积的比率。

2.9

表土耕作 soil surface tillage

为实现平整地表,均匀分布和减少残茬覆盖量的土壤表层作业。

2.10

少耕 minimum tillage

能保留足量作物残茬覆盖的耕作作业。

2.11

少耕播种 minimum tillage seeding

在少耕作业地进行的播种作业。

2.12

免耕播种 no-tillage seeding

在作物收获后,不对土壤进行任何耕翻等扰动的茬地上直接播种的作业。

2.13

深松 deep loosening

对土壤进行深层疏松而不翻动表土层的耕作作业。

2.14

全面深松 comprehensive deep loosening

对整个工作幅宽和深度的土壤进行深松的作业。

2.15

局部深松 strip deep loosening

对部分工作幅宽或深度土壤进行深松的作业。

2.16

浅松 shallow loosening

在不翻动土层条件下,对土壤进行浅层疏松的耕作作业。

2.17

化学除草 chemical weeding

喷洒除草剂,控制杂草生长的作业。

2.18

免耕播种机 no-tillage seeding machine

能实现免耕播种的机具。

2.19

浅松深度 depth of shallow loosening

浅松沟底至耕前地表的垂直距离。

2.20

深松深度 depth of deep loosening

深松沟底至耕前地表的垂直距离。

2.21

壅堵 blockage

机械化作业时,地表残茬对机具形成的堵塞。

2.22

轻度壅堵 light blockage

堵塞物可自然滑落,且不影响正常作业的壅堵。

2.23

中度壅堵 middle blockage

需人工辅助清理才能正常作业的壅堵。

2.24

重度壅堵 severe blockage

无法正常作业的壅堵。

2.25

机具通过性 pass through ability of machinery

在规定条件下,机具克服残茬雍堵保持正常作业的能力。

2.26

拖堆 stack of residue or soil

由机械作业造成的残茬或土壤堆积。

2.27

机械化保护性耕作 mechanized conservation tillage

采用机械化作业方式实施免耕播种、少耕播种、化学除草和病虫害防治,在满足播种农艺要求的条件下,确保播种后有足量残茬覆盖地表并有效控制杂草生长和防治病虫害的耕作技术。

索　引

B

表土耕作 ……………………………………………………………………………………………… 2.9

C

残茬 ……………………………………………………………………………………………………… 2.2
残茬覆盖 ………………………………………………………………………………………………… 2.6

F

覆盖率 …………………………………………………………………………………………………… 2.8

G

根茬 ……………………………………………………………………………………………………… 2.1
根茬覆盖 ………………………………………………………………………………………………… 2.5

H

化学除草 ………………………………………………………………………………………………… 2.17

J

机具通过性 ……………………………………………………………………………………………… 2.25
机械化保护性耕作 ……………………………………………………………………………………… 2.27
局部深松 ………………………………………………………………………………………………… 2.15

M

免耕播种 ………………………………………………………………………………………………… 2.12
免耕播种机 ……………………………………………………………………………………………… 2.18

Q

浅松 ……………………………………………………………………………………………………… 2.16
浅松深度 ………………………………………………………………………………………………… 2.19
轻度壅堵 ………………………………………………………………………………………………… 2.22
全面深松 ………………………………………………………………………………………………… 2.14

S

少耕 ……………………………………………………………………………………………………… 2.10
少耕播种 ………………………………………………………………………………………………… 2.11
深松 ……………………………………………………………………………………………………… 2.13
深松深度 ………………………………………………………………………………………………… 2.20
碎茬 ……………………………………………………………………………………………………… 2.3

碎茬覆盖 ……………………………………………………………………………………………… 2.7

T

拖堆 …………………………………………………………………………………………………… 2.26

Y

壅堵 …………………………………………………………………………………………………… 2.21

Z

整秆覆盖 ……………………………………………………………………………………………… 2.4

中度壅堵 ……………………………………………………………………………………………… 2.23

重度壅堵 ……………………………………………………………………………………………… 2.24

ICS 65.060.30
B 91

中华人民共和国农业行业标准

NY/T 2191—2012

水稻插秧机适用性评价方法

Evaluation methods of applicability for rice transplanter

2012-12-07 发布

2013-03-01 实施

中华人民共和国农业部 发布

前　言

本标准按照 GB/T 1.1 给出的规则起草。

本标准由农业部农业机械化管理司提出。

本标准由全国农业机械标准化技术委员会农业机械化分技术委员会(SAC/TC 201/SC 2)归口。

本标准起草单位:江苏省农业机械试验鉴定站、江苏常发农业装备股份有限公司。

本标准主要起草人:朱虹、朱祖良、卢建强、陶悦、廖汉平、赵海瑞、高玲、张平。

水稻插秧机适用性评价方法

1 范围

本标准规定了水稻插秧机适用性评价的术语和定义、影响因素、评价方法和判定原则。

本标准适用于水稻插秧机(以下简称插秧机)使用地区的适用性评价。

2 规范性引用文件

下列文件对于本文件的应用是必不可少的。凡是注日期的引用文件,仅注日期的版本适用于本文件。凡是不注日期的引用文件,其最新版本(包括所有的修改单)适用于本文件。

GB/T 5262 农业机械试验条件 测定方法的一般规定

GB/T 6243 水稻插秧机 试验方法

GB 10395.9 农林拖拉机和机械 安全技术要求 第9部分:播种、栽种和施肥机械

GB 10396 农林拖拉机和机械、草坪和园艺动力机械 安全标志和危险图形 总则

GB/T 20864 水稻插秧机 技术条件

NY/T 989 机动插秧机 作业质量

3 术语和定义

GB/T 20864、GB/T 6243 界定的以及下列术语和定义适用于本文件。

3.1

选点试验评价 setpoint test evaluation

在插秧机使用地区,通过布点利用不同生产作业条件下试验检测结果对插秧机适用性进行评价的方法。

3.2

跟踪调查考核评价 tracking survey evaluation

在插秧机使用地区,针对不同的生产作业条件选择作业插秧机开展跟踪调查,利用跟踪考核的结果对插秧机适用性进行评价的方法。

3.3

用户调查评价 user survey evaluation

在插秧机使用地区,选择一定数量有代表性的用户进行问卷调查,利用用户评价结果对插秧机适用性进行评价的方法。

4 适用性影响因素

4.1 田块条件

土壤类型、泥脚深度、水层深度、前茬作物及耕整地方式、沉淀时间。

4.2 品种及育秧方式

水稻品种、育秧方式、秧苗条件。

4.3 当地农艺要求

穴株数、单位面积基本苗数、插秧深度。

5 评价方法

5.1 选点试验评价方法

5.1.1 试验样机在出厂检验合格的 10 台产品中随机抽取 1 台,其安全技术指标应符合 GB 10395.9 和 GB 10396 的要求。性能试验时,插秧机机手应具有熟练操作插秧机的能力。

5.1.2 在插秧机使用地区,选择 3 个~5 个有代表性的试验小区(小区数量的选择根据使用地区的地域面积或各类适用性影响因素的复杂程度确定),全部小区试验条件的组合应尽可能涵盖本标准确定的影响因素的不同水平。试验条件记入附录 A。

5.1.3 各试验小区安排 1 个~2 个试验组合,每个试验组合按照使用地区较普遍的土壤类型、泥脚深度、水稻品种、育秧方式、秧苗高度的范围选择。全部试验小区中各试验组合中影响因素的试验水平按大、中、小确定。其中土壤类型的选择应不少于使用地区涵盖的 50% 土壤类型(有黏土和砂土的,必须涵盖);泥脚深度至少涵盖该地区最浅和最深泥脚深度;水稻品种根据使用地区的品种数量,选择不少于使用地区 10% 的品种,品种选择应具有地区代表性(有杂交稻和常规稻的,必须涵盖);秧苗高度选择试验区域的最低和最高两种。推荐按照 3 因素~5 因素 3 水平正交试验设计方法确定试验组合方案。

5.1.4 在每个试验小区选取不小于 1 334 m^2 的田块,按 GB/T 5262 和 GB/T 6243 进行适用性影响因素(即试验条件)试验,其作业质量中漏插率、伤秧率、漂秧率、插秧深度合格率 4 项性能指标应符合 GB/T 20864 和 NY/T 989 规定或达到当地农艺可接受的要求;实际栽插基本苗数应达到当地农艺要求。检测结果记入附录 A。

5.1.5 实际栽插基本苗数按式(1)、式(2)计算。

$$Z_m = X_s \times \overline{Z} \quad\cdots\cdots\cdots\cdots\cdots\cdots\cdots\cdots\cdots\cdots\cdots\cdots (1)$$

$$X_s = \frac{1.0 \times 10^{10}}{\overline{S}_h \times \overline{S}_z} = (1 - R_l - R_p) \quad\cdots\cdots\cdots\cdots (2)$$

式中:

Z_m——实际栽插基本苗,单位为株每公顷;

X_s——每公顷实插穴数,单位为穴每公顷;

$\overline{Z}$——栽插后的每穴平均株数,单位为株每穴;

$\overline{S}_h$——平均行距,单位为毫米(mm);

$\overline{S}_z$——平均株距,单位为毫米(mm);

R_l——漏插率,单位为百分率(%);

R_p——漂秧率,单位为百分率(%)。

5.1.6 在某试验小区,当所规定的作业质量检测结果均符合时,则在该区域适用;有一项不符合时,则在该区域基本适用;有 2 项(包括 2 项)以上不符合时,则在该区域不适用。当全部试验小区作业质量结果均符合要求时,则在该地区适用;作业质量中有 3 项(包括 3 项)以上不符合时,则在该地区不适用;否则基本适用。

5.2 跟踪调查考核评价方法

5.2.1 跟踪调查的样机在出厂检验合格的 10 台产品中随机抽取 2 台,其安全技术指标应符合 GB 10395.9 和 GB 10396 的要求,也可以在作业时间不大于 100h 的用户机具中抽取。插秧机机手应经培训合格。

5.2.2 在插秧机使用地区,选择 3 个~5 个有代表性的小区(小区数量的选择根据使用地区的地域面积或各类适用性影响因素的复杂程度确定),全部小区试验条件的组合应尽可能涵盖本标准确定的影响因素的不同水平。每个小区确保 2 台插秧机进行跟踪调查。各跟踪样机的作业条件记入附录 B,该表填写结果不唯一,可以多选或是记录范围值。

5.2.3　跟踪小区应尽量涵盖使用地区50%的土壤类型(有黏土和砂土的,必须涵盖)、最浅和最深泥脚深度、不少于使用地区30%的品种(品种选择应具有地区代表性,有杂交稻和常规稻的,必须涵盖)。全部跟踪小区的影响因素中要涵盖不同的前茬作物及处理方式、耕整方式、水层深度、育秧方式、秧苗条件等。

5.2.4　在每个跟踪小区,对插秧机的作业效果进行跟踪考核,每个区域每台插秧机考核时间不少于30h。主要考核漏插率、伤秧率、漂秧率、插秧深度合格率、实际栽插基本苗数、作业小时生产率。实际栽插基本苗数应符合当地农艺要求,作业小时生产率符合插秧机设计要求,其他性能指标符合GB/T 20864和NY/T 989要求或达到当地农艺可接受的要求。各跟踪样机的作业效果考核结果记入附录B。

5.2.5　在某跟踪小区,当所规定的作业质量效果评价均"符合"或"好"时,则在该区域适用;有2项为"不符合"或"差"时,则在该区域不适用;否则为基本适用。当全部跟踪小区指标均为"符合"或"好"时,则在该地区适用;有4项(包括4项)以上为"不符合"或"差"时,则在该地区不适用;否则基本适用。

5.3　用户调查评价法

5.3.1　在插秧机使用地区,选定3个~5个不同代表性小区作业的用户,对被考核插秧机的作业效果进行调查(小区数量的选择根据使用地区的地域面积或各类适用性影响因素的复杂程度确定)。被调查用户的插秧机实际作业应尽可能涵盖本标准确定的影响因素的不同水平,选择的范围可参照5.2.2和5.2.3。记录用户及相关信息(参见附录C),作业条件可以是多选值或范围值。

5.3.2　根据使用地区的范围大小、适用性影响因素复杂程度,建议每调查小区调查用户数取5户~10户。被调查用户中机手、农机专业户、农机合作组织应占一定比例,机手至少作业三个班次以上。

5.3.3　调查用户使用过程中对作业效果:漏插、伤秧、漂秧、插秧深度、单位面积实际栽插基本苗数、通过性、操作方便性等的感受程度(参见附录C)。

5.3.4　用户调查可采取实地调查、电话调查和发函调查等形式。调查时应充分体现客观公正,不得诱导和干扰用户意见。

5.3.5　全部评价中,好和中的不小于70%为适用,40%~70%为基本适用,小于40%为不适用。

5.4　综合评价法

5.4.1　选点试验、跟踪调查考核和用户调查相结合的方法

在插秧机使用地区,选择3个~5个有代表性的区域,区域选择可参照5.2.2和5.2.3。一部分区域开展选点试验;一部分区域进行跟踪调查考核;剩余区域进行用户调查。各自等同采用5.1、5.2、5.3三种方法。

5.4.2　选点试验和跟踪调查考核相结合的方法

在插秧机使用地区,选择3个~5个有代表性的区域,区域选择可参照5.2.2和5.2.3。一部分区域开展选点试验;剩余区域进行跟踪调查考核。各自等同采用5.1、5.2两种方法。

5.4.3　选点试验和用户调查相结合的方法

在插秧机使用地区,选择3个~5个有代表性的区域,区域选择可参照5.2.2和5.2.3。一部分区域开展选点试验;剩余区域进行用户调查。各自等同采用5.1、5.3两种方法。

5.4.4　所有方法均确认适用的,则判定适用;有任何一种方法确认不适用的,则判定不适用;其他判定基本适用。

6　评价结论

6.1.1　经考核,××(企业)生产的××(型号)插秧机产品,在××(区域)适用/基本适用/不适用。

6.1.2 对于部分适用,部分不适用的生产作业条件,可在评价结论中给予明确:经考核,××(企业)生产的××(型号)插秧机产品,在××(区域)的××(生产作业条件,可以是涉及的所有相关适用性影响因素)条件下适用/基本适用,在××条件下不适用。

附 录 A
（规范性附录）
选点试验条件及结果汇总

检测人员：_____ 第____小区

试 验 条 件			
序号		调查/测量项目	
1		试验时间	
2		试验地点	
3	田块条件	土壤类型	□砂土 □砂壤土 □壤土 □粉壤土 □黏壤土 □黏土 其他:
4		前茬作物	□小麦 □玉米 □油菜 □杂草 其他:
5		前茬作物处理方式	□整体秸秆还田 □部分秸秆还田 □留茬 □焚烧 其他:
6		耕整方式	□旋耕 □犁耕 □耙 其他:
7		泡田沉淀时间	□1 d □1.5 d □2 d以上 其他:
8		泥脚深度	
9		水层深度	
10	品种及育秧	水稻品种	
11		育秧方式	□硬盘 □软盘 □双膜 其他:
12		秧苗条件	秧苗高度:
			秧龄(叶片数):
			秧苗空格率:
			秧苗均匀度合格率:
			秧苗密度:
			床土含水率:
13	当地农艺要求	亩基本苗数	
14		插秧深度	
作业质量试验结果			
1		漏插率	
2		伤秧率	
3		漂秧率	
4		相对均匀度合格率	
5		插秧深度合格率	
6		实际栽插基本苗数	

附 录 B

（规范性附录）

跟踪考核作业条件及结果汇总

考核人员：_____   第_____样机，第_____组

跟踪考核作业条件			
序号		调查/测量项目	
1		考核时间	
2		考核地点	
3	田块条件	土壤类型	□砂土 □砂壤土 □壤土 □粉壤土 □黏壤土 □黏土 其他：
4		前茬作物	□小麦 □玉米 □油菜 □杂草 其他：
5		前茬作物处理方式	□整体秸秆还田 □部分秸秆还田 □留茬 □焚烧 其他：
6		耕整方式	□旋耕 □犁耕 □耙 其他：
7		泡田沉淀时间	□1 d □1.5 d □2 d以上 其他：
8		泥脚深度	
9		水层深度	
10	品种及育秧	水稻品种	
11		育秧方式	□硬盘 □软盘 □双膜 其他：
12		秧苗条件	秧苗高度：
			秧龄（叶片数）：
			秧苗空格率：
			秧苗均匀度合格率：
			秧苗密度：
			床土含水率：
13	当地农艺要求	亩基本苗数	
14		插秧深度	
跟踪考核结果			
1		漏插率	□好 □中 □差
2		伤秧率	□好 □中 □差
3		漂秧率	□好 □中 □差
4		插秧深度合格率	□好 □中 □差
5		实际栽插基本苗数	□符合 □基本符合 □不符合
6		作业小时生产率	□符合 □基本符合 □不符合

附 录 C
（资料性附录）
插秧机适用性用户调查表

调查人员：_____ 　　　　　　　　　　　　　调查时间：　年　月　日

审核人员：_____ 　　　　　　　　　　　　　第_____户

用户信息	姓　名		年龄/从事机手时间,年	
	文化程度		培训情况	
	通信地址		电话/邮编	
产品信息	型号名称		出厂日期	
	出厂编号		购置日期	
	生产厂家			
	总作业时间,h		总作业量,亩	

		用户调查适用性评价内容		用户调查适用性评价
作业条件	土壤类型	□砂土		□好　□中　□差
		□砂壤土		□好　□中　□差
		□壤土		□好　□中　□差
		□黏土		□好　□中　□差
		其他:		□好　□中　□差
	前茬作物	□小麦　□玉米　□油菜　□杂草　其他:		□好　□中　□差
	前茬作物处理方式	□整体秸秆还田　□部分秸秆还田　□留茬　□焚烧 其他:		□好　□中　□差
	耕整方式	□旋耕　□犁耕　□耙　其他:		□好　□中　□差
	泡田沉淀时间	□1 d　□1.5 d　□2 d以上　其他:		□好　□中　□差
	泥脚深度	≤10 cm		□好　□中　□差
		>10 cm～20 cm		□好　□中　□差
		>20 cm～30 cm		□好　□中　□差
		>30 cm		□好　□中　□差
	水层深度			□好　□中　□差
	水稻品种	□杂交稻		□好　□中　□差
		□常规稻		□好　□中　□差
		其他:		□好　□中　□差
	育秧方式	□硬盘　□软盘　□双膜　其他:		□好　□中　□差
	秧苗条件	秧苗高度	10 cm～15 cm	□好　□中　□差
			>15 cm～20 cm	□好　□中　□差
			>20 cm～25 cm	□好　□中　□差
			>25 cm	□好　□中　□差
		秧龄(叶片数):		□好　□中　□差
		秧苗空格率:		□好　□中　□差
		秧苗均匀度合格率:		□好　□中　□差
		秧苗密度:		□好　□中　□差
		床土含水率:		□好　□中　□差

（续）

使用效果评价	漏插	□很少　□少　□多
	伤秧	□很少　□少　□多
	漂秧	□很少　□少　□多
	插秧深度	□符合　□基本符合　□不符合
	实际栽插基本苗数	□符合　□基本符合　□不符合
	通过性	□好　□中　□差
	操作方便性	□好　□中　□差
综合	评价为"好/符合/很少"占总比例_____%；评价为"中/基本符合/少"占总比例_____%；评价为"差/不符合/多"占总比例_____%。	

ICS 65.060.30
B 91

中华人民共和国农业行业标准

NY/T 2192—2012

水稻机插秧作业技术规范

Operating specifications of rice mechanized transplanting

2012-12-07 发布

2013-03-01 实施

中华人民共和国农业部 发布

前　言

本标准按照 GB/T 1.1 给出的规则起草。

本标准由农业部农业机械化管理司提出。

本标准由全国农业机械标准化技术委员会农业机械化分技术委员会(SAC/TC 201/SC 2)归口。

本标准起草单位:江苏省农业机械试验鉴定站、洋马农机(中国)有限公司。

本标准主要起草人:刘勇、张中杰、沈建辉、蔡国芳、孙东群、魏国俊、张婕。

水稻机插秧作业技术规范

1 范围

本标准规定了水稻机插秧作业条件、作业程序、安全要求和机具的维护保养。

本标准适用于水稻机插秧作业。

2 规范性引用文件

下列文件对于本文件的应用是必不可少的。凡是注日期的引用文件,仅注日期的版本适用于本文件。凡是不注日期的引用文件,其最新版本(包括所有的修改单)适用于本文件。

NY/T 989 机动插秧机 作业质量

3 作业条件

3.1 田块

3.1.1 根据茬口、土壤性状采用适宜的耕整方式,耕整后地表平整,无残茬、杂草等,田块内高低落差不大于 30 mm。

3.1.2 泥浆沉实时间长短应根据土质情况而定,一般沙质土沉实 1 d 左右,壤土沉实 2 d 左右,黏土沉实 3 d 左右,达到沉淀不板结,插秧时不陷机不壅泥。泥脚深度不大于 300 mm,田面水深 10 mm~30 mm。

3.2 秧苗

3.2.1 播种前应清除秧田土或育秧用淤泥中的石块和硬物。

3.2.2 根据插秧机要求选用规格化毯状带土秧苗,一般苗高 100 mm~250 mm、叶龄 2 叶~4.5 叶,秧根盘结,土块不松散。

3.2.3 秧块宽比秧箱内档宽小 1 mm~3 mm,土厚 15 mm~25 mm,土壤含水率 35%~55%,秧块均匀度合格率大于 85%,空格率小于 5%。

3.2.4 秧苗起运时应减少秧块搬动次数,保证秧块尺寸。

3.2.5 防止秧苗枯萎,应做到随起、随运、随插。

3.3 气候

晴、多云、阴天或小雨天气,风力不超过 4 级。

3.4 机手

3.4.1 应经过专业技术培训,熟悉所操作机型的结构、特点、使用、维护保养等。

3.4.2 应仔细阅读使用说明书。

3.4.3 禁止在饮酒、服用安定类药物、疲劳等状态下作业。

3.4.4 作业时应穿戴适合的服装,以免引起伤害。

3.5 机具准备

3.5.1 机具技术状态应良好,并按使用说明书的规定进行调整和保养。

3.5.2 检查和调整各传动件、栽插臂和其他运动部件。

3.5.3 检查和调整秧针、秧叉、秧箱、导轨、秧门等部件及各部件间隙。

3.5.4 检查发动机燃油、机油和各转动、摩擦部位的润滑油。

3.5.5 将插秧机变速杆放置于"空挡"（中立）位置。启动发动机,观察各部件运转是否正常。

4 作业程序

4.1 首次装秧时,将秧箱移到最左或最右侧,放置在秧箱上的秧块应展平,底部紧贴秧箱,然后将压苗器压下,压紧程度达到秧块能在秧箱上滑动而不上下跳动。

4.2 秧块超出秧箱时,应拉出秧箱延伸板,防止秧块弯曲断裂。

4.3 秧块到达补给位置前应及时补给,补秧时,补充秧块与剩余秧块之间应紧密接合,不留空隙。

4.4 秧箱内各行都有秧块时,补秧不必把秧箱移动至最左或最右侧。

4.5 秧箱上只要有一行没有秧块时即停机,将各行剩余秧苗取出,秧箱移到最左或最右侧,重新补给。

4.6 根据秧苗、田块的情况,按农艺要求调节纵向取苗量和横向取苗次数,选择适宜的取苗量。

4.7 根据秧苗、田块的情况,按农艺要求确定株距挡位。

4.8 根据田块形状,选择合适的栽插路线。

4.9 首行插秧是作业的基准,应保持其直线性。

4.10 启动插秧机,拨开下一行插秧一侧的划印器,在表土上边划印边插秧;转行时,插秧机中间标杆应对准划印器划出的线,同时拨开下一行插秧一侧的划印器。

4.11 作业时把侧对行器对准已插好的秧苗行,保证邻接行距与标准行距一致。

4.12 在田中试插一段后,根据农艺要求及时调整插秧深度。

4.13 当插秧机转向换行时,应断开插秧离合器,收回划印器,降低速度,抬起插植部件,待转向后插植部件与前趟秧苗平齐时再继续插秧作业。

4.14 水稻机插秧的作业质量指标应符合 NY/T 989 的规定。

5 作业安全要求

5.1 起步时应注意插秧机周围情况,确保安全。

5.2 作业中禁止无关人员靠近机具。

5.3 过沟和田埂时,插秧机应升起插植部件,直线、垂直、缓慢行驶。

5.4 若插植臂工作异常,应迅速切断主离合器、熄灭发动机,及时检查并排除故障。

5.5 在土壤负荷过大情况下作业时,插秧机需断开插秧离合器手柄。如需转移,注意不能推拉导轨、秧箱等薄弱部分,以免损伤机具。

5.6 插秧机在道路上行驶时,应注意导轨两侧的保护,防止碰撞折损。

5.7 下坡行驶时,禁止脱开主离合器手柄滑行。

6 机具的维护保养

6.1 常规保养

6.1.1 作业结束后用水冲洗,避免空气滤清器进水。

6.1.2 及时进行各部位的检查和处理。

6.1.3 加注或补充燃油和润滑油。

6.2 入库保养

6.2.1 在发动机中速运转状态下用水清洗污物后,应继续运转 2 min～3 min。

6.2.2 按规定更换机油。

6.2.3 应完全放出燃油箱内的汽油。

6.2.4 插植叉应放在最下面位置(压出苗的状态)。

6.2.5 主离合器手柄和插秧离合器手柄为"断开",液压手柄为"下降",燃油旋塞为"关"。

6.2.6 注意防止灰尘进入液压油。

6.2.7 清洗干净后,插秧机应存放在灰尘少、湿度低、避光、无腐蚀性物质的场所。

6.2.8 零配件和工具与插秧机一起保管。

ICS 65.060.40
B 91

中华人民共和国农业行业标准

NY/T 2193—2012

常温烟雾机安全施药技术规范

Technical specifications of safety application for cold aerosol sprayers

2012-12-07 发布

2013-03-01 实施

中华人民共和国农业部 发布

前　言

本标准按照 GB/T 1.1 给出的规则起草。

本标准由农业部农业机械化管理司提出。

本标准由全国农业机械标准化技术委员会农业机械化分技术委员会(SAC/TC 201/SC 2)归口。

本标准起草单位:农业部南京农业机械化研究所。

本标准主要起草人:王忠群、陈长松、吴萍、曹蕾。

常温烟雾机安全施药技术规范

1 范围

本标准规定了常温烟雾机喷洒农药时对操作人员的要求、施药前准备、施药作业以及施药后处理的安全技术规范。

本标准适用于在温室或大棚内进行病虫害防治作业的常温烟雾机(以下简称烟雾机)。

2 规范性引用文件

下列文件对于本文件的应用是必不可少的。凡是注日期的引用文件,仅注日期的版本适用于本文件。凡是不注日期的引用文件,其最新版本(包括所有的修改单)适用于本文件。

NY/T 1225—2006 喷雾器安全施药技术规范

3 对操作人员的要求

3.1 操作人员应年满18岁,经过施药技术和烟雾机操作培训,并熟悉烟雾机、农药、农艺等相关知识。

3.2 老、弱、病、残、皮肤损伤未愈者及妇女哺乳期、孕期不宜进行施药作业。

3.3 操作时应穿长袖衣服和长裤,穿鞋袜,戴口罩,戴手套,禁止吸烟、饮水和进食,禁止用手擦嘴、脸和眼睛。

3.4 配制、施药、调整、清洗和维护烟雾机时应身着长袖衣裤、鞋袜,并佩戴耳塞、口罩和手套。

3.5 施药结束后,操作人员应及时更换工作服,用肥皂清洗手、脸等裸露部分的皮肤,并用清水漱口。

4 施药前准备

4.1 农药的选择

4.1.1 根据作物的生长期、病虫害种类和危害程度,以及烟雾机使用说明书与防治要求,在当地植保部门的帮助下选择合适的农药剂型。

4.1.2 选择的农药应符合 NY/T 1225—2006 中3.2.1的规定。

4.2 施药时机的选择

4.2.1 根据病虫害等有害生物的生长发育阶段决定最佳的施药时间,并按照农艺要求确定农药用量。

4.2.2 根据烟雾机使用说明书要求,配制施药浓度并准确计算喷雾所需时间。

4.3 烟雾机的准备

4.3.1 烟雾机技术状态良好。

4.3.2 根据不同温室或大棚类型选择合适的机型。

使用前应进行如下调整:

a) 烟雾机应能在明示的配套动力范围内正常启动并运转平稳;

b) 配套空压机的正常工作压力应按照使用说明调整;

c) 当空压机压力表指针摆动过大时,应旋紧表阀以保护压力表;

d) 当压力表显示压力偏低时,检查各联接处有无漏气,喷嘴帽有无松动,机架下部排气口是否敞开;当压力表显示压力偏高时,检查喷嘴和空气胶管是否有堵塞;

e) 按烟雾机使用说明书要求检查整机密封性;用清水试喷,检查喷液量是否正常;

f) 烟雾机初次使用时,工作50 h后需更换空压机内机油;以后每500 h更换空压机内机油一次;

g) 检查发动机传动皮带松紧度,更换磨损或有裂痕的皮带。

4.4 温室或大棚检查

检查温室或大棚的覆盖材料是否有破损,换气扇的出入口是否有缝隙。破损处和缝隙应在施药前修补密封好。

4.5 药液配制

4.5.1 配药应使用洁净的水桶、配药杯、量筒、搅拌棒、橡胶手套等工具。

4.5.2 确定农药用量后,按照施药浓度计算清水用量。先将清水用量的1/4～1/3放入配药杯,再将农药慢慢倒入配药杯,倒入后应搅拌药液。

4.5.3 混合后的药液通过过滤器注入药箱,将余下清水放入配药杯,一边冲洗配药杯一边通过过滤器注入药箱。

4.5.4 如果温室面积过大,施药量超过药液箱的容量,可分多次配药。

4.6 喷洒时间的计算

喷洒时间按照式(1)计算。

$$t = qA(1+N)/Q$$

式中:

t——喷洒时间,单位为分钟(min);

q——农艺上要求的农药制剂用量,单位为毫升每公顷(mL/hm²);

A——温室的面积,单位为公顷(hm²);

N——农药配制浓度(一般要求药与水的比例不大于1:15。农药为液剂时用体积比,农药为粉剂时用重量比);

Q——烟雾机喷量,单位为毫升每分钟(mL/min)。

5 施药作业

5.1 施药作业时,将烟雾机动力控制装置放在温室或大棚外平坦处。应有挡雨措施,避免雨淋。

5.2 应将空气胶管、电缆线接头准确的插入安装位置,并联接牢固,防止烟雾机连接部位运转时因振动而脱落。

5.3 应根据温室或大棚的空间大小,确定喷筒喷洒方向,确保雾滴均匀弥漫。根据作物高度,调节喷口离地高度,与棚架作物形成5°～10°仰角,以免喷出的雾滴直接喷洒在作物或温室顶、壁上。

5.4 烟雾机启动后,先利用压缩空气将药箱中的药液搅拌2 min～3 min,再开始喷雾施药。

5.5 固定施药时,应在距喷口方向1 m～5 m处的作物上盖上塑料布,以防止粗大雾滴落下时造成作物污染和药害。

5.6 喷雾时操作者应在室外监视烟雾机的作业情况,发现故障应立即停机排除。

5.7 完成喷洒作业后,应先关闭空压机供气系统,5 min后关闭风机、总电源。

5.8 符合3.1和3.3要求的操作人员才能进入温室或大棚取出喷射部件、升降支架以及防止粗大雾滴的塑料布。

5.9 施药结束后,应关闭温室或大棚门,并应密闭6 h以上才能打开。打开门通风0.5 h以后,人员方可进入。

6 施药后的处理

6.1 安全标志

6.1.1 施药工作结束后应在施药温室或大棚外树立警示标记。

6.1.2 在安全间隔期后警示标记方可撤销。

6.2 烟雾机清洗和存放

6.2.1 作业完成后,将吸液管拔离药箱,置于清水桶内,再用清水喷雾,冲洗喷头与管道,喷雾 5 min 后堵塞喷头孔,用高压气流反冲喷头芯孔和吸液管至少 1 min,直至吹净水液为止。

6.2.2 用专用容器收集药箱内的残液,然后清洗药箱、喷嘴帽、吸水滤网、过滤盖。清洗方法应采用"少量多次"的办法,即用少量清水清洗至少 3 次。

6.2.3 用湿布擦净风筒内外面、风机罩、风机及其电机外表面、电源线和压力气管等其他外表面的药迹和污垢(禁止水洗)。

6.2.4 烟雾机应存放在干燥通风的机库内,避免露天存放或与农药、酸、碱等腐蚀性物质混放在一起。

6.3 操作人员防护用品的清洗

6.3.1 施药工作全部完毕后,应及时换下工作服并清洗干净,晾干后存放。

6.3.2 及时清洗手、脸等裸露部分的皮肤,并用清水漱口。

7 其他要求

7.1 残余药液的处理

7.1.1 残余药液应喷洒到作物上。并应在加入倒数第二箱药液时,适当减少农药剂量。

7.1.2 废剩的农药应有牢固不易碎的容器包装,并有清楚的标识。应建立良好的农药库存管理措施。

7.2 空农药包装容器的处置

7.2.1 应采用 6.2.2 规定的方法对空农药包装容器进行清洗。这种清洗过程应在农药取用完毕后立即进行,以便在施药地点把清洗液加入到药液箱中作为稀释用水。

7.2.2 空农药包装容器应集中无害化处理,不得随意丢弃。

ICS 65.040
B 91

中华人民共和国农业行业标准

NY/T 2194—2012

农业机械田间行走道路技术规范

Technical specifications of field walk way for agricultural machinery

2012-12-07 发布
2013-03-01 实施

中华人民共和国农业部 发布

NY/T 2194—2012

前　言

本标准按照 GB/T 1.1 给出的规则起草。

本标准由农业部农业机械化管理司提出。

本标准由全国农业机械标准化技术委员会农业机械化分技术委员会(SAC/TC 201/SC 2)归口。

本标准起草单位:农业部农业机械试验鉴定总站、四川省农业机械鉴定站。

本标准主要起草人:宋英、张山坡、曲桂宝、徐涵秋、储为文、张健。

农业机械田间行走道路技术规范

1 范围

本标准规定了农业机械田间行走道路的术语和定义、技术要求、检验方法和评定规则。

本标准适用于硬化路面和砂石路面的农业机械田间行走道路（以下简称田间道路）的建设。

2 规范性引用文件

下列文件对于本文件的应用是必不可少的。凡是注日期的引用文件，仅注日期的版本适用于本文件。凡是不注日期的引用文件，其最新版本（包括所有的修改单）适用于本文件。

JTG D30—2004 公路路基设计规范

JTG D60 公路桥涵设计通用规范

JTG F80/1—2004 公路工程质量检验评定标准

3 术语和定义

下列术语和定义适用于本文件。

3.1

农业机械田间行走道路 field walk way for agricultural machinery

用于农业机械通往作业地块的田间道路。

3.2

路面 pavement

具有承受车辆重量、抵抗车轮磨耗和保持道路表面平整作用的，用筑路材料铺在路基顶面供车辆直接在其表面行驶的一层或多层的道路结构层。

3.3

面层 pavement surface

直接承受车辆荷载及自然因素的影响，并将荷载传递到基层的路面结构层。

3.4

基层 pavement grassroots

承受由面层传递的车辆荷载，并将荷载分布到垫层或土基上的路面结构层。

3.5

硬化路面 hardened pavement

以水泥混凝土或沥青混凝土做面层的路面。

3.6

砂石路面 sandstone pavement

以砂、石等为骨料，以土、水、灰为结合料，通过一定的配比铺筑而成的路面。

3.7

路基 subgrade

按照路线位置和一定技术要求修筑的作为路面基础的带状构造物。

3.8

路肩 shoulder

位于车行道外缘至路基边缘,具有一定宽度的带状部分(包括硬路肩与土路肩),为保持车行道的功能和临时停车使用,并作为路面的横向支承。

3.9

错车道 passing bay

在田间道路上,可通视的一定距离内,供农业机械交错避让用的一段加宽车道。

3.10

圆曲线 circular curve

道路平面走向改变方向或竖向改变坡度时所设置的连接两相邻直线段的圆弧形曲线。

3.11

平曲线 horizontal curve

在平面线形中路线转向处曲线的总称,包括圆曲线和缓和曲线。

3.12

竖曲线 vertical curve

在线路纵断面上,以变坡点为交点,连接两相邻坡段的曲线,包括凸形和凹形两种。

3.13

平曲线半径 radius of horizontal curve

当道路在水平面上由一段直线转到另一段直线上去时,其转角的连接部分所采用的圆弧形曲线的半径。

3.14

回头曲线 switch-back curve

山区道路为克服高差在同一坡面上回头展线时所采用的回头形状的曲线。

3.15

超高 superelevation

车辆在圆曲线上行驶时,受横向力或离心力作用会产生滑移或倾覆,为抵消车辆在圆曲线路段上行驶时所产生的离心力,保证车辆能安全、稳定、满足设计速度和经济、舒适地通过圆曲线,在该路段横断面上设置的外侧高于内侧的单向横坡。

3.16

加宽 widen

车辆在弯道上行驶时,各个车轮的行驶轨迹不同,在弯道内侧的后轮行驶轨迹半径最小,而靠近弯道外侧的前轮行驶轨迹半径最大。当转弯半径较小时,这一现象表现的更为突出。为了保证车辆在转弯时不侵占相邻车道,凡小于 250 m 半径的曲线路段均需要加宽。

3.17

同向曲线 adjacent curve in one direction

两个转向相同的相邻圆曲线中间连以直线所形成的平面线形。

3.18

反向曲线 reverse curve

两个转向相反的圆曲线之间以直线或缓和曲线或径相连接而成的平面线形。

3.19

纵坡 longitudinal gradient

路线纵断面上同一坡段两点间的高差与其水平距离之比,以百分率表示。

3.20

最大纵坡 maximum longitudinal gradient

根据道路等级、自然条件、行车要求及临街建筑等因素所限定的纵坡最大值。

3.21

　　合成纵坡　synthetic gradient

　　道路弯道超高的坡度与道路纵坡所组成的矢量和。

3.22

　　平均纵坡　average gradient

　　含若干坡段的路段两端点的高差与该路段长度的比值。

3.23

　　缓和坡段　transitional gradient

　　在纵坡长度达到坡长限制时,按规定设置的较小纵坡路段。

3.24

　　压实度　degree of compaction

　　土或其他筑路材料压实后的干密度与标准最大干密度之比,以百分率表示。

3.25

　　边沟　intercepting ditch

　　为汇集和排除路面、路肩及边坡的流水,在路基两侧设置的水沟。

3.26

　　截水沟　intercepting ditch

　　为拦截山坡上流向路基的水,在路堑坡顶以外设置的水沟,又称天沟。

3.27

　　排水沟　drainage ditch

　　将边沟、截水沟和路基附近、庄稼地里、住宅附近低洼处汇集的水引向路基、庄稼地、住宅地以外的水沟。

3.28

　　挡土墙　retaining wall

　　支承路基填土或山坡土体、防止填土或土体变形失稳的墙式构造物。

3.29

　　路拱　crown

　　路面的横向断面做成中央高于两侧,具有一定坡度的拱起形状。

3.30

　　横坡　cross slope

　　路幅和路侧带各组成部分的横向坡度,以百分率表示。

3.31

　　坡口　slope groove

　　连接田间道路和田地,农业机械下田或上路的扇形路面。

3.32

　　单位工程　unit project

　　在田间道路建设项目中,根据签订的合同,具有独立施工条件的工程。

3.33

　　分部工程　division project

　　在单位工程中,按结构部位、路段长度及施工特点或施工任务的不同而划分的工程项目。

3.34

分项工程 subentry project

在分部工程中,按不同的施工方法、材料、工序及路段长度等划分的最基本的计算单位。

4 技术要求

4.1 路线

4.1.1 田间道路设计为单车道,设计行驶速度为 20 km/h,路基宽度应不小于 3.5 m,行车道宽度应不小于 2.5 m,路肩宽度应为 0.5 m。

4.1.2 田间道路每 1 km 内一般设置 1 处错车道,设置错车道路段的路基宽度应不小于 5.5 m,有效长度应不小于 15 m,错车道的间距可结合地形、视距等条件确定。

4.1.3 道路在平面和纵面上由直线和曲线组成。在设计布置圆曲线及竖曲线时,应做到平面顺适、纵坡均衡、横面合理。平纵面线形均应与地形、地物相适应,与周围环境相协调。

4.1.4 圆曲线半径应不小于 30 m,特殊困难地段应不小于 15 m。当圆曲线半径小于 150 m 时,应设置超高和加宽过渡段,其要求应符合表 1 和表 2 的规定。

表 1 超 高

圆曲线半径 m	≥15~20	>20~30	>30~40	>40~55	>55~70	>70~105	>105~150
超高值 %	8	7	6	5	4	3	2

表 2 加 宽

圆曲线半径 m	<150~100	<100~70	<70~50	<50~30	<30~25	<25~20	<20~15
加宽值 m	0.4	0.5	0.6	0.7	0.9	1.1	1.25

4.1.5 越岭路线应尽量利用地形自然展线,避免设置回头曲线。如需设置,其圆曲线最小半径应为 15 m,特殊地段为 10 m,超高横坡度应不大于 6%,最大纵坡为 5.5%。两相邻回头曲线间的直线距离应不小于 60 m。

4.1.6 两圆曲线间以直线径向连接时,同向曲线间最小直线长度(以 m 计)以不小于设计速度(以 km/h 计)数值的 4 倍为宜;反向曲线间的最小直线长度以不小于设计速度数值的 1 倍为宜。

4.1.7 一般情况下,最大纵坡为 9%,最大合成纵坡为 11%。海拔 2 000 m 以上或积雪冰冻地区最大纵坡为 8%。

4.1.8 越岭路线连续坡段,相对高差为 200 m~500 m 时平均纵坡应不大于 6.5%;相对高差大于 500 m 时,平均纵坡应不大于 6%,且任意连续 3 km 路段的平均纵坡应不大于 6%。

4.1.9 当连续纵坡坡度大于 5% 时,应在不大于表 3 规定的纵坡长度范围内设置缓和坡段,缓和坡段长度应不小于 40 m,缓和坡段纵坡坡度应不大于 4%。

表 3 不同纵坡最大坡长

纵坡坡度 %	<5~6	<6~7	<7~8	<8~9	<9~10	<10~13
最大坡长 m	800	600	400	300	200	100

4.1.10 在纵坡变更处均应设置竖曲线,竖曲线宜采用圆曲线,圆曲线最小半径为 200 m,特殊地段为 100 m;竖曲线最小长度为 50 m,特殊地段为 20 m。

4.2 路基

4.2.1 路基高度的设计,应使路肩边缘高出路基两侧地面积水高度,同时应考虑地下水、毛细水和冰冻作用,不致影响路基的强度和稳定性。

4.2.2 泥炭、淤泥、冻土、强膨胀土、有机土及易溶盐超过允许含量的土等,不得直接用于填筑路基。冰冻地区的路床及浸水部分的路堤不应直接采用粉质土填筑。

4.2.3 路基施工应采用压实机具,采取分层填筑、压实,其压实度应符合表4的规定。若压实度达不到要求,则必须经过1个～2个雨季,使路基相对沉降稳定后,才能铺筑砂石路面或硬化路面。

表4 路基压实度

序号	填挖类别	路床顶面以下深度 m	压实度 %
1	零填及挖方	0～0.30	≥94
2	填方	0～0.80	≥94
		0.80～1.50	≥93
		>1.50	≥90

4.2.4 路基应根据沿线的降水与地质水文等具体情况,设置必要的地表排水、地下排水、路基边坡排水等设施,并与沿线桥涵合理配合。

4.2.5 排水设施包括边沟、截水沟、排水沟等。边沟的深度和宽度应不小于0.4 m,截水沟和排水沟的深度和宽度应不小于0.6 m。

4.2.6 排水设施应与农田灌溉、人畜引水等工程相结合。

4.2.7 路基应采取有效的防护措施,保证路基稳定。

4.2.8 挡土墙应综合考虑工程地质、水文地质、冲刷深度、荷载作用情况、环境条件、施工条件、工程造价等因素,按JTG D30—2004中表5.4.1的规定选用。

4.3 路面

4.3.1 路面应具有良好的稳定性、足够的刚度和强度,硬化路面弯拉强度不低于3.5 MPa;砂石路面弯沉值不小于3 mm,其表面应满足平整、抗滑和排水的要求。

4.3.2 路面必须设置基层和面层。基层应具有足够的抗冲刷能力和一定的刚度,面层应具有足够的强度、耐久性,表面抗滑。各结构层厚度根据材料类型应符合表5的规定。

表5 各种结构层压实最小厚度与适宜厚度

单位为毫米

结构层类型	压实最小厚度	适宜厚度
级配碎石	80	100～200
水泥稳定类	150	180～200
石灰稳定类	150	180～200
石灰粉煤灰稳定类	150	180～200
贫混凝土	150	180～240
级配砾石	80	100～200
泥结砾石	80	100～150
填隙砾石	100	100～120

4.3.3 路拱横坡根据路面类型和当地自然条件设置,砂石路面一般采用3%～4%的横坡,硬化路面一般采用1%～2%的横坡。路肩横坡应比路面横坡大1%～2%。

4.4 坡口

4.4.1 田间道路应设置供农业机械下田和上路的坡口,坡口数量根据实际情况确定。坡口为扇形合成坡,坡口坡度应不大于18%,宽度应不小于2.5 m。

4.4.2 永久性坡口宜采用混凝土面层,坡面应作防滑处理。

4.4.3 坡口位置宜设置在田角,并尽可能避免与边沟交叉或作暗沟处理,如遇沟、渠应埋设涵管等处理。

4.5 桥梁、涵洞

4.5.1 桥梁、涵洞的设计和建设应符合JTG D60中4级公路的要求。

4.5.2 涵洞的设计应满足农田灌溉及排水的需要。

4.6 路线交叉

4.6.1 田间道路之间或与其他公路交叉连接的地方,一般采用平面交叉,交叉位置应选择在纵坡平缓、视距良好地段。平面交叉时应尽量正交;当必须斜交时,其交叉角不宜小于45°。

4.6.2 田间道路应避免与铁路平面交叉。

4.6.3 平面交叉转弯路面内缘的最小圆曲线半径不小于15 m。

4.7 配套设施

4.7.1 田间道路应在陡坡、急弯、危险路段设置必要的安全设施、指示牌和警告标志等。

4.7.2 田间道路两旁和边坡上种植花草、乔木、灌木、树木等,应不妨碍农业机械的通行。

5 检验方法

5.1 田间道路工程分为单位工程、分部工程和分项工程。

5.2 分项工程在检验和评定时应提供齐全的施工资料,若缺乏最基本的数据,或有伪造涂改者,不予检验和评定。施工资料不全者应予减分,减分幅度可按下列各款逐款检查,视资料不全情况,每款减1分~3分:

    a) 所用原材料、半成品和成品质量检验结果;

    b) 材料配比、拌和加工控制检验和试验数据;

    c) 地基处理、隐蔽工程施工记录资料;

    d) 各项质量控制指标的试验记录和质量检验汇总图表;

    e) 施工过程中遇到的非正常情况记录及其对工程质量影响分析;

    f) 施工过程中如发生质量事故,经处理补救后,达到设计要求的认可证明文件等。

5.3 路基压实度检验采用灌沙法,每200 m至少测2处,按JTG F80/1—2004中附录B的规定进行评定。

5.4 路面结构层厚度每200 m至少测1处,按JTG F80/1—2004中附录H的规定进行评定。

5.5 硬化路面弯拉强度检验采用小梁法,每500 m至少取1组,按JTG F80/1—2004中附录C的规定进行评定。

5.6 路面宽度、路基宽度、路基高度、边沟、截水沟、排水沟等每200 m至少测2处,按JTG F80/1—2004的规定进行评定。

5.7 错车道、圆曲线、回头曲线、同向圆曲线、反向圆曲线、纵坡、缓和坡段、纵坡变更处竖曲线、道路平面交叉、路拱横坡、坡口坡度、坡口宽度、挡土墙、桥头引道渐变率、安全设施、指示牌、警告标志等按田间道路情况进行100%的检验,如实际检验和评定中无上述某一项目则该项目在评定中视为满分。

6 评定规则

6.1 工程质量检验评分以分项工程为单元,采用100分制进行。

6.2 按实测项目采用加权分累加法计算,分项工程评分值不小于75分者为合格;小于75分者为不合格;评定为不合格的分项工程,经加固、补强或返工、调测,满足设计要求后,可以重新评定其质量等级。

6.3 分部工程所属各分项工程全部合格,则该分部工程评为合格;所属任一分项工程不合格,则该分部工程为不合格。

6.4 单位工程所属各分部工程全部合格,则该单位工程评为合格;所属任一分部工程不合格,则该单位工程为不合格。

6.5 检验项目及各检验项目加权分值见表6。

表6 检验项目及加权分值

序号	项目名称	对应条款	加权值
1	路基压实度	4.2.3	8
2	硬化路面弯拉强度或砂石路面弯沉值	4.3.1	8
3	路面结构层厚度	4.3.2	8
4	质量保证资料	5.1.2	10
5	圆曲线	4.1.4	4
6	回头曲线	4.1.5	4
7	同向圆曲线	4.1.6	4
8	反向圆曲线	4.1.6	4
9	纵坡	4.1.7;4.1.8	4
10	缓和坡段	4.1.9	4
11	纵坡变更处竖曲线	4.1.10	4
12	道路平面交叉	4.6	4
13	路拱横坡	4.3.3	4
14	坡口坡度	4.4.1	4
15	坡口宽度	4.4.1	4
16	桥梁、涵洞	4.5	4
17	安全设施	4.7.1	4
18	指示牌	4.7.1	4
19	警告标志	4.7.1	4
20	挡土墙	4.2.8	3
21	错车道	4.1.2	3
注:如检验无此项目,则评定中视为满分。			

6.6 桥梁、涵洞的检验评定可按照JTG F80/1—2004的相关要求进行。

ICS 65.060.99
B 93

中华人民共和国农业行业标准

NY/T 2195—2012

饲料加工成套设备能耗限值

Power consumption limit value of feed processing complete sets of equipment

2012-12-07 发布

2013-03-01 实施

中华人民共和国农业部 发布

前　　言

本标准按照 GB/T 1.1 给出的规则起草。

本标准由农业部农业机械化管理司提出。

本标准由全国农业机械标准化技术委员会农业机械化分技术委员会(SAC/TC 201/SC 2)归口。

本标准起草单位:辽宁省农机质量监督管理站、内蒙古自治区农牧业机械试验鉴定站、海城市永辉饲料机械厂。

本标准主要起草人:白阳、马永辉、吴义龙、滕平、苏日娜、金英慧、任峰。

饲料加工成套设备能耗限值

1 范围

本标准规定了饲料加工成套设备的能耗限值和试验方法。

本标准适用于生产粉状配合饲料或颗粒饲料的饲料加工成套设备（以下简称成套设备）。

2 规范性引用文件

下列文件对于本文件的应用是必不可少的。凡是注日期的引用文件，仅注日期的版本适用于本文件。凡是不注日期的引用文件，其最新版本（包括所有的修改单）适用于本文件。

GB 1353 玉米

GB/T 5915—2008 仔猪、生长肥育猪配合饲料

GB/T 5916—2008 产蛋后备鸡、产蛋鸡、肉用仔鸡配合饲料

GB/T 19541—2004 饲料用大豆粕

JB/T 5169—1991 颗粒饲料压制机 试验方法

NY/T 1023—2006 饲料加工成套设备 质量评价技术规范

3 术语和定义

下列术语和定义适用于本文件。

3.1

饲料加工成套设备 feed processing complete sets of equipment

具备粉碎、配料、混合、计量打包及物料输送等功能（有生产颗粒饲料功能时还应具备制粒、冷却、筛分等功能）的自动化饲料生产设备。

3.2

吨饲料耗电量 power consumption per ton feed

在规定的试验条件下，成套设备生产1 t粉状配合饲料或颗粒饲料所消耗的电量（不包含颗粒饲料破碎所消耗的电量）。

3.3

能耗限值 limit value of power consumption

在规定的试验条件下，成套设备生产1 t粉状配合饲料或颗粒饲料所允许的耗电量最大值。

4 能耗限值

成套设备能耗限值见表1。

表 1 能耗限值

单位为千瓦时每吨

加工的饲料类型		能耗限值
颗粒饲料	鸡饲料	33.0
	猪饲料	30.0
粉状配合饲料	鸡饲料	5.0
	猪饲料	9.0

表1（续）

加工的饲料类型	能耗限值
注：以吨饲料耗电量测量结果与能耗限值进行比较。当成套设备既具备生产颗粒饲料功能又具备生产粉状配合饲料功能时，以两功能的吨饲料耗电量同时进行判定；当成套设备仅具备生产颗粒饲料功能或生产粉状配合饲料功能之一时，以其具备功能的吨饲料耗电量进行判定。	

5 试验方法

5.1 试验条件及要求

5.1.1 试验用饲料配方：玉米占65%，豆粕占20%，其他营养成分占15%。

5.1.2 试验用玉米原料应不低于GB 1353规定的五级，水分不大于14.0%，杂质不大于1.0%；试验用的粕类应采用大豆粕，并符合GB/T 19541—2004中4.1和4.2的要求，水分不大于13.0%。

5.1.3 饲料中的其他营养成分可根据实际生产情况或GB/T 5915—2008中表1、GB/T 5916—2008中表1的规定进行配比，但总量应符合5.1.1的要求。

5.1.4 试验的环境温度应不低于10℃。

5.1.5 试验电压应在（380±20）V范围内。

5.1.6 成套设备工作正常后，其负载功率应保持在各工作设备配套功率总和的80%～110%之间。

5.1.7 生产颗粒饲料时，粉碎机应采用筛孔直径为2.0 mm的筛片；颗粒机应采用压模孔径为4.0 mm的压模；颗粒饲料回转筛中最下层筛网的网孔基本尺寸应为3.2 mm，其他层筛网的网孔基本尺寸应不小于3.2 mm。生产粉状鸡饲料时，粉碎机应采用筛孔直径为7.0 mm的筛片。生产粉状猪饲料时，粉碎机应采用筛孔直径为3.0 mm的筛片。混合机混合时间设定应符合使用说明书或操作规程的规定。

5.1.8 生产颗粒饲料时，颗粒饲料成形率应不低于95%，颗粒饲料坚实度应不低于90%。颗粒饲料成形率和颗粒饲料坚实度按5.2的规定测定。

5.1.9 测试用仪器设备的测量范围和准确度应不低于表2的规定，且应检定或校验合格，并在有效期内。

表2 仪器设备测量范围和准确度要求

测量参数名称		测量范围	准确度要求
耗电量		0 kW·h～500 kW·h	1.0级
时间		0 h～24 h	0.5 s/d
质量	饲料质量	0 kg～100 kg	5%
	颗粒饲料样品质量	0 g～2 000 g	0.01 g

5.1.10 测试前，应按使用说明书或操作规程对成套设备进行调试，使之达到符合相关规定的正常工作状态后，再进行耗电量及其他相关指标的测定。

5.1.11 当成套设备既具备生产颗粒饲料功能又具备生产粉状配合饲料功能时，应分别测定两功能的吨饲料耗电量。当成套设备仅具备生产颗粒饲料或粉状配合饲料功能之一时，只测定其具备功能的吨饲料耗电量。测定生产颗粒饲料或粉状配合饲料功能的吨饲料耗电量时，可任选生产鸡饲料或猪饲料中的一种进行测定。

5.1.12 测定生产颗粒饲料时，应停止运转成套设备中与颗粒饲料破碎有关的设备；测定生产粉状配合饲料时，应停止运转成套设备中与生产粉状配合饲料无关的其他设备。

5.2 颗粒饲料成形率和坚实度

调试正常后，在颗粒机出料口接取颗粒饲料样品1 kg～2 kg，分别按JB/T 5169—1991中3.5.10

和 3.5.3.6 的规定测定颗粒饲料成形率和坚实度。

5.3 耗电量

5.3.1 粉碎过程与其他生产过程同步工作的成套设备耗电量

成套设备正常工作 15 min 后,开始同时累计成套设备的耗电量和测定时间,测定时间不少于 1 h。按式(1)计算单位时间耗电量,结果保留两位小数。

$$N_d = 60 \times \frac{Q_d}{T_d} \quad \cdots\cdots\cdots\cdots\cdots\cdots\cdots\cdots\cdots\cdots\cdots\cdots\cdots\cdots\cdots\cdots\cdots\cdots\cdots\cdots\cdots (1)$$

式中:

N_d——单位时间耗电量,单位为千瓦时每小时(kW·h/h);

Q_d——测定时间内耗电量,单位为千瓦时(kW·h);

T_d——测定时间,单位为分钟(min)。

5.3.2 粉碎过程与其他生产过程不同步工作的成套设备耗电量

5.3.2.1 粉碎过程吨料耗电

分别称取需粉碎处理的各种物料,其中玉米不少于 500 kg,其他物料不少于 200 kg。每种物料的耗电量测定应分别进行。粉碎过程的各相关设备启动后,用某种物料进行调试。当粉碎机工作正常后,待调试用物料全部通过上料提升机进料闸门的瞬间,开始加入已称取的某种物料,同时开始累计耗电量。以相同方法测试完所有需粉碎处理的各种物料后,按式(2)计算粉碎过程的吨料耗电,结果保留两位小数。

$$N_f = 1\,000 \times \sum \frac{N_i}{M_i} \times \alpha_i \quad \cdots\cdots\cdots\cdots\cdots\cdots\cdots\cdots\cdots\cdots\cdots\cdots\cdots\cdots\cdots\cdots\cdots (2)$$

式中:

N_f——粉碎过程的吨料耗电,单位为千瓦时每吨(kW·h/t);

N_i——粉碎某一种物料消耗的电量,单位为千瓦时(kW·h);

M_i——称取的某一种物料的质量,单位为千克(kg);

α_i——某一种物料在饲料配方中所占百分比,单位为百分率(%)。

5.3.2.2 其他生产过程单位时间耗电量

粉碎足够量的各种物料后,停止运转粉碎过程的相关设备(或不将粉碎过程的相关设备接入耗电量测量仪器)。按 5.1.10 规定调试,按 5.3.1 规定的方法进行测定,按式(3)计算其他生产过程的单位时间耗电量,结果保留两位小数。

$$N_b = 60 \times \frac{Q_b}{T_b} \quad \cdots\cdots\cdots\cdots\cdots\cdots\cdots\cdots\cdots\cdots\cdots\cdots\cdots\cdots\cdots\cdots\cdots\cdots\cdots\cdots (3)$$

式中:

N_b——其他生产过程的单位时间耗电量,单位为千瓦时每小时(kW·h/h);

Q_b——测定时间内耗电量,单位为千瓦时(kW·h);

T_b——测定时间,单位为分钟(min)。

5.4 生产率

5.4.1 颗粒饲料生产率

生产颗粒饲料时,在 5.3.1 的测定时间内,等时间间隔在颗粒机出口横断接取颗粒饲料 3 次,每次接取颗粒饲料不少于 20 kg,并分别记录每次接取时间。待接取的颗粒饲料自然冷却到室温后,分别称其质量。按式(4)计算生产率,结果保留两位小数。

$$E = 0.02 \times C \times \sum \frac{G_i}{t_i} \quad \cdots\cdots\cdots\cdots\cdots\cdots\cdots\cdots\cdots\cdots\cdots\cdots\cdots\cdots\cdots\cdots\cdots\cdots (4)$$

式中:

E ——生产率,单位为吨每小时(t/h);

C ——颗粒饲料成形率,单位为百分率(%)。

G_i ——每次接取的颗粒饲料质量,单位为千克(kg);

t_i ——每次接取时间,单位为分钟(min)。

5.4.2 粉状配合饲料生产率

生产粉状配合饲料时,生产率按 NY/T 1023—2006 中 5.2.1 的规定进行测定。

5.5 吨饲料耗电量计算

5.5.1 粉碎过程与其他生产过程同步工作的成套设备的吨饲料耗电量按式(5)计算,结果保留一位小数。

$$N = \frac{N_d}{E} \quad\cdots\cdots\cdots\cdots\cdots\cdots\cdots\cdots\cdots\cdots\cdots\cdots\cdots\cdots\cdots\cdots\cdots\cdots\cdots\cdots (5)$$

式中:

N ——吨饲料耗电量,单位为千瓦时每吨(kW·h/t)。

5.5.2 粉碎过程与其他生产过程不同步工作的成套设备的吨饲料耗电量按式(6)计算,结果保留一位小数。

$$N = N_f + \frac{N_b}{E} \quad\cdots\cdots\cdots\cdots\cdots\cdots\cdots\cdots\cdots\cdots\cdots\cdots\cdots\cdots\cdots\cdots\cdots (6)$$

ICS 65.060.01
T 60

中华人民共和国农业行业标准

NY/T 2196—2012

手扶拖拉机　修理质量

Repairing quality for walking tractors

2012-12-07 发布

2013-03-01 实施

中华人民共和国农业部 发布

前　言

本标准按照 GB/T 1.1 给出的规则起草。

本标准由农业部农业机械化管理司提出。

本标准由全国农业机械标准化技术委员会农业机械化分技术委员会(SAC/TC 201/SC 2)归口。

本标准起草单位:江苏省农业机械试验鉴定站、常州东风农机集团有限公司、江苏常发农业装备股份有限公司、常州常发动力机械有限公司。

本标准主要起草人:莫恭武、蔡国芳、张富根、廖汉平、庄学成。

手扶拖拉机　修理质量

1　范围

本标准规定了手扶拖拉机整机或系统总成修理后的质量要求、检验方法、验收与交付要求。

本标准适用于安装柴油机的手扶拖拉机（以下简称拖拉机）整机或系统总成的修理质量评定。

2　规范性引用文件

下列文件对于本文件的应用是必不可少的。凡是注日期的引用文件，仅注日期的版本适用于本文件。凡是不注日期的引用文件，其最新版本（包括所有的修改单）适用于本文件。

GB/T 3871.13　农业拖拉机　试验规程　第 13 部分：排气烟度测量

GB/T 6229　手扶拖拉机　试验方法

GB 10395.1　农林机械　安全　第 1 部分：总则

GB 18447.2　拖拉机　安全要求　第 2 部分：手扶拖拉机

3　技术要求

3.1　一般要求

3.1.1　拖拉机修理前，应对整机进行清洗，检查其技术状态，明确修理项目及方案，做好记录。

3.1.2　总成解体后，应对零件清除油污、积炭、结胶和水垢，并进行除锈、脱旧漆及防锈处理。

3.1.3　连接件的重要螺栓、螺母应无裂纹、损坏或变形。凡有规定拧紧力矩和拧紧顺序的螺栓及螺母，应按规定拧紧。

3.1.4　修理后的整机是否需要重新喷漆，由协商确定。

3.2　发动机

3.2.1　压缩系和曲柄连杆机构运动副的配合间隙符合相关技术要求，并应提供数据记录。

3.2.2　燃油系的供油量、喷油压力、喷射质量、供油提前角和气门间隙应调整到规定技术要求。

3.2.3　在常温时能正常起动，且怠速运转平稳。

3.2.4　调速机构能在全程调速范围内使发动机稳定运转。

3.2.5　能间接或直接通过熄火装置使发动机停止运转。

3.2.6　正常运转时，排气正常，无异响，水温、油温、机油压力正常。从中速转变到低速运转时能出现正常的柴油机敲击声。

3.2.7　发动机运转到正常工作温度及停机时，各密封面、管接头处不得有漏油、漏水、漏气现象。

3.2.8　能为配套农机具正常作业提供足够动力，不出现乏力、冒烟等异常现象。如需要进行台架试验时，在标定转速下，发动机功率不得低于标定功率的 95%，燃油消耗率不得超过出厂规定值的 5%，最大不透光排气烟度值不大于 3.2 m^{-1}。

3.3　传动系

3.3.1　皮带传动的，发动机传动轮皮带槽与离合器传动轮皮带槽应对正。每根传动带的张紧程度适中，并基本一致，用手指试压（约 50N）皮带张紧段中部，下压量应为 20 mm～30 mm。发动机与离合器直联传动时，运转无异常抖动。

3.3.2　离合器分离爪间隙应调整一致，离合器手柄的自由行程符合产品技术文件规定。离合器手柄操纵力不大于 100N。离合器能分离彻底,结合平稳,良好传递发动机转矩。负荷作业时结合无打滑、抖动现象。

3.3.3 换挡操纵灵活,无乱挡、跳挡现象。各挡工作时,变速箱无异响和异常温升。

3.4 行走系

3.4.1 轮胎型号、气压应符合产品使用说明书的要求。轮胎花纹方向安装正确。

3.4.2 车架无变形、无裂纹。轮毂完好,轮辋无变形、无裂纹,螺母齐全,紧固可靠。螺母按规定力矩拧紧后宜进行位置标记,利于检查。

3.5 转向系

3.5.1 左右转向拉杆自由行程调整一致,操作时能分离彻底,回位及时。当一侧的转向机构分离后,能保证拖拉机灵活转向。

3.5.2 空车行驶时,转向离合器手把操纵力不大于 50N。

3.6 制动系

3.6.1 制动手柄的自由行程应符合产品技术文件规定。

3.6.2 制动时手柄操纵力不大于 400 N。制动时能阻止轮胎转动,与地面产生滑移摩擦。必要时可进行制动性能试验。

3.6.3 制动手柄脱离制动位置时,制动器能彻底分离。

3.7 照明和信号装置

发电机安装正确,灯泡规格符合要求。发动机中速以上运转时,能满足用电装置正常工作,且无过热现象。接头紧固,导线捆扎成束,固定卡紧。灯光开关操作方便、灵活,不得因拖拉机振动而自行接通或关闭。信号装置完善,功能良好。

3.8 整机

3.8.1 整机修理后应按原规定加注润滑油、润滑脂、冷却液;各总成间紧固件连接牢固,不得有松动现象。

3.8.2 拖拉机正常工作时各系统无异响。各连接接头、接合面密封良好,无漏油、漏气现象。

3.8.3 拖拉机外观整洁。各部件、仪表及附件齐备完好,联结紧固。牵引装置完好有效。

3.8.4 应使下列外露旋转件得到有效防护,防护罩固定牢固,耐压,无尖角和锐棱。具体要求:

  a) 启动爪有护缘,轴端不突出护缘以外;

  b) 飞轮、皮带轮(含飞轮皮带轮)防护装置完好,符合 GB 18447.2 的规定;

  c) 排气管出口位置和方向的布置符合出厂技术要求。消声器及排气弯管的隔热防护装置完好,符合 GB 10395.1、GB 18447.2 的规定。

3.8.5 操纵装置(离合器、制动器操纵方向、挡位位置)上或附近有明显的操纵方向标志。

3.8.6 以下部位应有明显的安全标志:

  a) 在挡位处有启动时必须挂空挡、下坡时禁止空挡滑行、带旋耕机作业时禁止挂倒挡、禁止身体靠近刀部及其他旋转部件等安全警示标志;

  b) 在机体明显位置处有停车、驻车制动的安全标志及单机运行限速、下坡转向操作指示等警示标志;

  c) 蒸发冷却式柴油机加水口有防止烫伤的警示标志;

  d) 柴油机加油口有禁止烟火的警示标志。

3.8.7 拖拉机在 20% 的干硬坡道上,使用驻车装置,能沿上、下坡方向可靠停驻。

3.8.8 拖拉机动态环境噪声要求:标定功率 ≤7.5 kW 时,小于等于 82 dB(A);标定功率 >7.5 kW 时,小于等于 84 dB(A)。拖拉机驾驶员耳旁噪声要求小于等于 92 dB(A)。

4 检验方法

4.1 发动机功率、油耗按 GB/T 6229 的规定检验。

4.2 排气烟度按 GB/T 3871.13 的规定检验。

4.3 制动性能按 GB/T 6229 的规定检验。

4.4 噪声性能按 GB/T 6229 的规定检验。

4.5 其他性能指标的检验按常规的检验方法进行。

5 验收与交付

5.1 拖拉机整机或系统总成修理后，其功能和相关数据达到本标准的相应规定，视为维修合格。

5.2 拖拉机整机或系统维修完毕后，应由承修单位负责人检验确认后，签发承修项目的维修合格证明。

5.3 承修部分应按相关规定明示保修期。

5.4 交付时，承修单位应交付修理合格证、保修单和修理记录单。修理记录单应说明：送修单位（个人）、时间，送修拖拉机型号，经检查后协商确定修理项目，实施修理内容和修理价格，并有负责人签字。

5.5 送修单位（或个人）对送修整机或总成经试运行检验后，对不合格内容有权要求返修，直到合格，并不得另收费用。对某些项目的修理质量有争议时，可采取协商或仲裁处理。

ICS 65.060.01
B 90

中华人民共和国农业行业标准

NY/T 2197—2012

农用柴油发动机 修理质量

Repairing quality for agricultural diesel engines

2012-12-07 发布

2013-03-01 实施

中华人民共和国农业部 发布

NY/T 2197—2012

前　言

本标准按照 GB/T 1.1 给出的规则起草。

本标准由农业部农业机械化管理司提出。

本标准由全国农业机械标准化技术委员会农业机械化分技术委员会(SAC/TC 201/SC 2)归口。

本标准起草单位:农业部农业机械试验鉴定总站、江苏省农机化服务站。

本标准主要起草人:温芳、周宝银、叶宗照、徐金德、张建才、田金明、李翔、张国凯。

农用柴油发动机　修理质量

1　范围

本标准规定了农用柴油发动机主要零部件、总成及整机的修理技术要求、检验方法、验收与交付要求。

本标准适用于农用柴油发动机(以下简称柴油机)主要零部件、总成及整机的修理质量评定。

2　规范性引用文件

下列文件对于本文件的应用是必不可少的。凡是注日期的引用文件,仅注日期的版本适用于本文件。凡是不注日期的引用文件,其最新版本(包括所有的修改单)适用于本文件。

GB/T 5770　柴油机柱塞式喷油泵总成　技术条件

GB/T 6072.1　往复式内燃机　性能　第1部分:功率、燃油消耗和机油消耗的标定及试验方法通用发动机的附加要求

GB 9486　柴油机稳态排气烟度及测定方法

GB/T 20651.1　往复式内燃机　安全　第1部分:压燃式发动机

GB/T 21404　内燃机　发动机功率的确定和测量方法　一般要求

GB/T 22129　农机修理通用技术规范

3　术语和定义

下列术语和定义适用于本文件。

3.1

农业机械修理质量　repairing quality for agricultural machinery

农业机械修理后满足其修理技术要求的程度。

3.2

标准值　normal value

产品设计图纸及图样规定应达到的技术指标数值。

3.3

极限值　limiting value

零、部件应进行修理或更换的技术指标数值。

3.4

修理验收值　repairing accept value

修理后应达到的技术指标数值。

4　修理技术要求

4.1　一般要求

4.1.1　柴油机修理前,应对整机进行清洗,检查其技术状态,明确修理项目及方案,做好记录。

4.1.2　修理拆装时,对活塞、缸套等有特殊要求的零部件,应使用专用工具拆装;对主要零件的基准面或精加工面,应避免碰撞、敲击或损伤;对不能互换、有装配规定或有平衡块的零部件,应在拆卸时做好记号,在装配时按原位装回。

4.1.3 总成解体后,应对零件清除油污、积炭、结胶和水垢,并进行除锈、脱旧漆或防锈处理。各类油管、水管、气管等内部应清洁通畅。

4.1.4 对气缸体、气缸盖等基础件和主要零部件拆卸后,应检查和记录其配合部位的几何尺寸、表面形状和相互位置,特别是基础件的装配基准面平面度、壳孔轴心线的垂直度、壳孔轴心线相互间的平行度、同轴度和距离等。

4.1.5 换件修理时,各零部件检验合格后方可安装。选用或自行配制的主要零件,应符合原厂技术条件的要求。滚动轴承损坏后,应整体更换。对偶件或有技术要求的组件应成对或成组更换。

4.1.6 修理后,柴油机各部位螺栓、螺母、垫圈、垫片、开口销、锁紧垫片和金属锁线等,应按原机装配齐全。开口销和金属锁线应按穿孔孔径正确选用。重要部位连接螺栓、螺母应无裂纹、损坏或变形。凡有规定紧固力矩和紧固顺序的螺栓及螺母,应按规定紧固。

4.1.7 修理后,未在本标准中给出修理验收值的相关技术指标,其修理验收值应优于产品技术文件规定的标准值与极限值的中间值。

4.2 气缸体与气缸盖

4.2.1 气缸体与气缸盖应无裂纹、变形和损伤。修复后的气缸体与气缸盖应进行渗漏试验,气缸体和气缸盖应无渗漏。

4.2.2 气缸体与气缸盖各结合平面应无翘曲变形,平面度误差应符合原设计规定。

4.2.3 气缸体下端面与曲轴轴承孔轴线的平行度、气缸体后端面与曲轴轴承孔轴线的垂直度应符合原设计规定。

4.2.4 气缸体各曲轴轴承承孔和轴承孔的圆度、圆柱度、同轴度,相邻两承孔和轴承孔的同轴度均应符合原设计规定。

4.2.5 气缸盖上装喷油器的螺孔螺纹损伤不多于一牙,气缸体与气缸盖上其他螺孔螺纹损伤不多于两牙,修理后的螺孔应符合装配要求。

4.2.6 气缸套承孔、气缸内孔的标准尺寸、圆度、圆柱度应符合原设计规定。

4.2.7 气缸磨损后,其直径不能按最大一级修理尺寸修理时,应换、镶气缸套,特殊情况下允许只更换个别气缸套,但必须将其镗磨到同一级修理尺寸。

4.2.8 气缸与活塞的配合间隙应符合原设计规定。气缸压力小于极限值,但气缸的最大磨损量、圆度、圆柱度未超过极限值时,可更换活塞环或活塞。

4.3 曲轴与飞轮

4.3.1 曲轴不应有裂纹、划痕和烧伤。修理时,应进行探伤检查。有横向裂纹,经磨修能消除的,可继续使用;有轴向裂纹,其裂纹没有从油孔裂到轴肩圆角处,且裂纹细而浅,允许继续使用;在键槽处有裂纹的曲轴,应经焊补后在原处重新开槽。

4.3.2 曲轴轴颈磨损后,主轴颈及连杆轴颈应按产品技术文件规定的修理尺寸分组,修磨到同一级修理尺寸,并选配相应尺寸的轴瓦。

4.3.3 曲轴不应有弯曲与扭曲,轴颈与轴瓦的圆度、圆柱度、同轴度及轴颈与轴瓦的配合间隙均应符合原设计规定。

4.3.4 轴瓦合金层不应有划伤、烧伤、腐蚀、麻点、脱层和孔眼等缺陷。修理后的曲轴不应有焊渣、毛刺、金属飞溅等杂物或其他缺陷。

4.3.5 飞轮不应有裂纹,工作表面应平整光洁,平面度应符合原设计规定。修复后,飞轮工作端面厚度小于基本尺寸的差值应不超过1mm。

4.3.6 飞轮齿圈齿磨损后可翻面使用,飞轮与齿圈应热压装配,飞轮与齿圈、飞轮与曲轴突缘的配合应符合原设计规定。

4.3.7 飞轮应进行静平衡试验,曲轴应进行动平衡试验,其不平衡量均应符合原设计规定。

4.3.8 飞轮与曲轴装合后,飞轮端面对曲轴轴线的端面圆跳动应符合原设计规定。

4.4 活塞与连杆

4.4.1 柴油机内各活塞的重量差、各活塞连杆组合件的总重量差应符合原设计规定。

4.4.2 活塞应无裂纹,活塞的工作表面应无毛刺或擦伤。活塞裙部的圆度、圆柱度及活塞顶部与裙部的直径差均应符合原设计规定。

4.4.3 活塞销与活塞销孔、活塞销与连杆衬套的配合间隙、连杆衬套与承孔的过盈应符合原设计规定。

4.4.4 活塞环在气缸内的漏光不得超过两处,活塞平环在气缸内每处漏光弧长不超过 25°,同一环上漏光弧长总和不超过 45°,但距环开口处两侧 30°的范围内不允许有漏光。锥形和扭曲环等允许任何地方有 0.02 mm 内光隙,同时均匀地向两边缩小,但距环口 5 mm 内光带不可连续。

4.4.5 活塞环的弹力、活塞环的端间隙与边间隙均应符合原设计规定。

4.4.6 连杆不应有弯曲与扭曲,各部位不允许有裂纹,修理时应进行探伤检查。连杆上、下孔轴心线应在同一平面内,其平行度应不大于 100:0.01,在与此平面垂直的方向,轴线的平行度应不大于 100:0.05。连杆轴承承孔的圆度、圆柱度应不大于 Φ0.01 mm。

4.4.7 连杆轴承应与轴承座及盖密合,定位凸点应完整,轴瓦两端应高出轴承座及盖的结合平面,其值不小于 0.03 mm。轴承盖结合面不应锉削,当轴承盖结合面有轻微损伤时,允许适当研磨结合面。当轴承盖与座之间有调整垫片时,其每边总厚度应不超过 0.20 mm。

4.4.8 连杆轴承的圆度、圆柱度、连杆轴承与轴颈的配合间隙均应符合原设计规定。

4.5 气门与凸轮

4.5.1 气门头与气门座的工作锥面应光洁,不得有过大的凹陷、斑痕和烧损,气门头与气门座应无积炭,接触环带不应过宽,否则应进行修理。

4.5.2 气门杆应光洁、无划痕,外径磨损量不大于 0.005 mm,气门杆的圆度、圆柱度不应大于 Φ0.01 mm。气门杆每 100 mm 的直线度不大于 0.02 mm,气门锥面的径向圆跳动均不应超过 0.025 mm。

4.5.3 气门研磨后锥面上应形成一条整齐的暗灰色环带,环带应位于气门锥面中部并稍偏向锥面小端;接触环带宽度、气门头下沉量应符合原设计规定;研磨后的气门应进行密封性试验。

4.5.4 气门杆与气门导管、气门挺杆与承孔、气门摇臂轴与衬套的配合间隙均应符合原设计规定。

4.5.5 气门挺杆下端球面或平面表面要求、气门挺杆球面或平面对杆部轴线的径向圆跳动应符合原设计规定。

4.5.6 气门弹簧的弹力应符合原设计规定。

4.5.7 凸轮轴不应有裂纹,修理时应进行探伤检查。正时齿轮键槽应完整。

4.5.8 凸轮轴凸轮应光洁,不得有波纹、凹陷,表面损伤或磨损量的极限值为 0.40 mm,否则应更换或修磨凸轮。修后凸轮表面粗糙度为 0.8 μm,凸轮的斜角、凸轮升程最高点对正时齿轮键槽中心线的位置偏差应符合原设计规定。

4.5.9 凸轮轴轴颈的圆柱度应不大于 Φ0.005 mm;凸轮轴以两端轴颈为支承,中间各轴颈和装正时齿轮轴颈的径向圆跳动应不大于 0.025 mm,凸轮基圆的径向圆跳动应不大于 0.05 mm。

4.5.10 凸轮轴轴颈与轴承的配合、轴承与气缸体承孔的配合及凸轮轴的轴向间隙均应符合原设计规定。

4.6 燃油系统

4.6.1 柱塞式喷油泵

4.6.1.1 喷油泵上体与下体、调速器壳体与泵体结合平面应光洁,不得有擦伤和刻痕,平面度为 0.05

mm。

4.6.1.2 出油阀座与阀应贴合紧密，不得因磨损而泄漏。泵体上的柱塞套支承台肩表面不得有磨损痕迹及凹陷；装柱塞套的座孔不得有破裂、崩缺等缺陷；孔与柱塞套的配合间隙应为 0.05 mm～0.10 mm。

4.6.1.3 出油阀和出油阀各工作表面应光洁，不得有划伤、锈蚀和磨损痕迹等缺陷。阀座与阀应贴合紧密，无泄漏。出油阀在任何位置落入阀座时，均不得有发涩现象。

4.6.1.4 柱塞顶端面、斜槽、直槽及环槽边缘不得有剥落或锈蚀、毛刺。柱塞套进、出油孔边缘不得有条状沟痕。

4.6.1.5 柱塞副工作表面不得有划痕和锈蚀，修理后的柱塞副经配对研磨后，工作表面应光亮均匀，不允许有研磨划痕和肉眼可观察到的微细痕迹。

4.6.1.6 修理后的柱塞副和出油阀偶件应进行滑动性检查和密封性试验。

4.6.1.7 挺柱体与导向孔的圆柱度应为 Φ0.01 mm，导向孔轴线应与泵体上平面垂直，垂直度在 100 mm 长度上不大于 0.10 mm。

4.6.1.8 滚轮、滚轮套圈在滚轮轴上应转动灵活，不得发涩。

4.6.1.9 凸轮轴轴颈及凸轮表面应光洁，凸轮高度磨损量极限值为 0.30 mm。

4.6.1.10 调节齿杆或拉杆应平直，其直线度在全长范围内不大于 0.05 mm。

4.6.1.11 调节齿杆与调节齿圈的啮合间隙不得超过 0.10 mm。

4.6.1.12 活塞式输油泵进、出油阀关闭时应严密，阀与阀座应密合，阀座面不应有下陷。活塞与泵体、推杆与孔的配合间隙、油泵的输油压力与吸油高度等应符合原设计规定。

4.6.1.13 喷油泵总成密封性、供油间隔角、各工况的供油量等性能指标应符合原设计规定。

4.6.2 喷油器

4.6.2.1 喷油器应清洁，油道孔和喷孔不得有变形和堵塞现象。针阀与座的接触表面应光洁，不得有烧损。

4.6.2.2 喷油器各零件应完整无损，调压顶杆不得弯曲变形。喷油器壳体和喷油嘴针阀体的结合面应光洁平整，不得有划伤、锈蚀。两结合面应严密，不得有渗漏油现象。

4.6.2.3 调压弹簧应规整，不得变形。

4.6.2.4 喷油器修复后其喷油压力、雾化性能、密封性等指标应符合有关技术要求。

4.6.3 柴油滤清器

柴油滤清器应清洁，滤芯无缺损，壳体无裂纹，滤清器的紧固螺栓、衬垫及压紧弹簧应完好，滤清器盖与壳体应密合，内部油道不得堵塞，不得内漏或外漏。

4.6.4 电子控制燃油喷射系统

电子控制燃油喷射系统装置应齐全有效，性能指标应符合原设计规定。

4.7 进排气系统

4.7.1 空气滤清器应清洁，滤芯无缺损，壳体无裂纹，进气管道通畅，不得堵塞或泄漏。

4.7.2 配备增压或中冷增压的柴油机，增压装置应齐全有效，增压器工作转速、增压器开启及关闭的转速、增压进气压力均应符合原设计规定。

4.7.3 排气管、消声器应封闭良好、无缺损，排气通畅。

4.7.4 排气净化装置应符合原设计规定。

4.8 润滑系统

4.8.1 机油泵主动齿轮轴承孔轴线与被动齿轮轴承孔轴线的平行度、泵壳结合端面与轴线的垂直度、泵壳结合端面的平行度均应符合原设计规定。

4.8.2 机油泵齿轮端面与泵壳或盖的间隙应为 0.05 mm～0.20 mm,齿轮与泵壳内壁的径向间隙为 0.05 mm～0.15 mm。

4.8.3 机油泵被动齿轮轴与壳孔的配合一般不应有间隙,与被动齿轮承孔或衬套的配合间隙应不大于 0.12 mm。主、被动齿轮的啮合间隙为 0.05 mm～0.25 mm,主动齿轮轴与主动齿轮及传动齿轮之间的配合应符合原设计规定。

4.8.4 机油泵总成的供油压力、流量等性能指标应符合原设计规定。

4.8.5 机油集滤器、滤清器应清洁,滤芯无缺损,壳体无裂纹,油道应通畅,不得堵塞或泄漏。滤清器的紧固螺栓、衬垫及压紧弹簧应完好。

4.8.6 润滑系中的限压阀、回油阀、安全阀应工作正常,其开启压力应符合原设计规定。

4.9 冷却系统

4.9.1 水泵壳体应完好、无裂纹,壳体与盖的结合面平面度应不大于 0.15 mm,壳体内壁与水封的结合面对水泵轴承孔轴线的端面圆跳动应不大于 0.05 mm,壳体与盖的结合面对该轴线的垂直度应不大于 0.05 mm。

4.9.2 水泵叶轮应完好、无裂纹。叶轮与轴的配合、叶轮与泵盖或泵体端面的间隙均应符合原设计规定。

4.9.3 水泵轴承与水泵轴的配合、轴承与壳体承孔的配合、风扇皮带轮与水泵轴的配合均应符合原设计规定。

4.9.4 修理后的水泵应进行流量试验。

4.9.5 散热器应清洁、完好,水管不得有堵塞、截断,散热片应整齐理直,装水容量应符合原设计规定。

4.9.6 散热器装配后应进行水压试验。

4.9.7 散热器盖的蒸汽阀、空气阀的开启压力及节温器的开启温度均应符合原设计规定。

4.10 电气系统

4.10.1 电气系统应配备齐全、连接牢固,导线应接触良好,电路中不应有断路、短路现象。电器元件的各项技术指标应符合原设计规定。

4.10.2 发电机应工作正常,修理后应进行性能试验,技术状况应符合原设计规定。

4.10.3 起动电机应工作正常,起动电机齿轮与发动机飞轮齿圈的啮合与分离应正常、有效、可靠。起动电机修理后应进行性能试验,技术状况应符合原设计规定。

4.11 柴油机整机

4.11.1 修理装配后,柴油机的起动、燃料供给、润滑、冷却和进排气系统等的附件应齐全,安装正确、牢固。发动机外表应按规定喷漆。漆层应牢固,不得有起泡、剥落和漏喷现象。

4.11.2 修后柴油机的供油提前角、喷油压力、气门间隙、配气相位等应调整适当,符合相关标准或原厂要求。柴油机应按原设计规定加注润滑油、润滑脂、冷却液,并进行相应的冷、热磨合。

4.11.3 发动机在各种工况下应运转平稳,不得有过热、异响、异常燃烧、爆震等现象;改变工况时应过渡平稳。冷却液温度、机油温度、机油压力及燃油压力应符合原设计规定。

4.11.4 柴油机各部位应密封良好,不得有漏油、漏水、漏气现象;电器部分应安装正确、绝缘良好。

4.11.5 柴油机的起动性能应符合相应标准要求,在正常环境温度和低温－10℃时,都能顺利起动,允许起动 3 次。

4.11.6 柴油机的怠速转速、标定转速、柴油机稳定调速率等应符合原设计规定。柴油机停机装置应可靠有效。

4.11.7 大修后柴油机额定功率的修理验收值应不低于额定功率的 95%,其他动力性能应符合原设计要求,燃油消耗率的修理验收值应不高于额定消耗率的 5%。

4.11.8 柴油机的排气烟度值应符合 GB 9486 的规定。

4.11.9 柴油机的噪声性能应符合 GB/T 20651.1 的规定。

5 检验方法

5.1 柴油机修理技术规范应符合 GB/T 22129 的规定。

5.2 柴油机的排气烟度检验按 GB 9486 的规定执行。

5.3 柴油机性能检验按照 GB/T 6072.1 和 GB/T 21404 的规定执行。

5.4 柴油机柱塞式喷油泵总成的修理规范、检验方法按照 GB/T 5770 的规定执行。

6 验收与交付

6.1 整机或零部件修理后,其性能和技术参数达到本标准的规定为修理合格。

6.2 整机或部件修理后,应经维修检验技术人员检验或确认合格后,签发合格证明。

6.3 送修单位(或个人)有权查看维修工艺流程卡,对不符合本标准要求的维修项目,可要求重新检验或返工处理。

6.4 修理合格的柴油机在办理交接手续时,承修单位应随机交付修理合格证明、保修单和维修记录单等资料。资料中一般应包含修理柴油机的型号、名称、修理内容、数量、价格和修理时间等信息,并有送修和承修人签字等。

6.5 交付后的柴油机,保修期执行相关规定。

ICS 65.060.20
B 91

中华人民共和国农业行业标准

NY/T 2198—2012

微耕机 修理质量

The quality of repairing for handheld tillers

2012-12-07 发布

2013-03-01 实施

中华人民共和国农业部 发布

NY/T 2198—2012

前　言

本标准按照 GB/T 1.1 给出的规则起草。

本标准由农业部农业机械化管理司提出。

本标准由全国农业机械标准化技术委员会农业机械化分技术委员会(SAC/TC 201/SC 2)归口。

本标准起草单位:重庆市农业机械鉴定站、山东省农业机械科学研究所、重庆嘉木机械有限公司、重庆鑫源农机股份有限公司。

本标准主要起草人:曾兴宁、王永建、崔民明、林祖权、龙春燕。

微耕机　修理质量

1　范围

本标准规定了微耕机整机、主要零部件的修理技术要求、验收、交付和保用要求。

本标准适用于标定功率不大于7.5kW,可以直接用驱动轮轴驱动旋转工作部件(如旋耕),主要用于水、旱田耕整,田园管理,设施农业等耕耘作业为主的微耕机整机、主要零部件的修理质量评定。

2　规范性引用文件

下列文件对于本文件的应用是必不可少的。凡是注日期的引用文件,仅注日期的版本适用于本文件。凡是不注日期的引用文件,其最新版本(包括所有的修改单)适用于本文件。

GB 10395.1　农林机械　安全　第1部分:总则

GB 10395.10　农林拖拉机和机械　安全技术要求　第10部分:手扶(微型)耕耘机

GB 10396　农林拖拉机和机械、草坪和园艺动力机械　安全标志和危险图形　总则

GB/T 16784.2—1998　工业产品售后服务　第2部分　维修

3　修理技术要求

3.1　发动机

3.1.1　发动机修后起动性能:冷机状态汽油机在—7℃～38℃的环境条件下,柴油机在大于等于5℃的环境温度下,起动次数不超过3次,起动时间不超过30 s。

3.1.2　发动机应运转平稳,加速过程中以及在正常负荷状态下不应有放炮、窜油、冒浓烟和敲击声;标定转速、最高转速及怠速应符合原机规定。

3.1.3　发动机最大功率应不低于原设计标定值的95％,燃油消耗率应不高于标定值的2％。

3.2　传动系

3.2.1　离合器、变速箱、传动箱的外壳体不应有裂纹、变形、缺损,紧固应可靠。

3.2.2　链轮、皮带轮、齿轮不应有裂纹。轮缘、轴孔、键槽、链齿、轮槽工作面及齿轮啮合工作面应完好、可靠。同一传动副上的链轮或皮带轮应在同一回转平面内,形位公差应符合原设计要求。齿轮的装配应符合原设计要求,不应有卡滞和异常声响。

3.2.3　传动链、传动带应完好无损,张紧装置可靠。多条传动带或传动链用于同一传动时,新旧不能混用。

3.3　操纵机构

3.3.1　扶手把不应有裂纹和损伤,调节应灵活,不应有卡滞。

3.3.2　离合器、油门、挡位操纵手柄应灵活可靠,操纵标识应清晰完整。

3.4　机架及行走系

3.4.1　机架及调速支撑杆组件(阻力棒)不应有变形和裂纹,各焊接部位和紧固件应牢固可靠。

3.4.2　轮胎轮毂、轮辋、辐板、锁圈等应无裂纹和变形,紧固应牢靠。轮胎表面不应有长度超过25.0 mm或深度足以暴露出轮胎帘布层的破裂和割伤。更换新轮胎的型号应符合出厂时的规定。

3.5　耕作装置

3.5.1　旋耕刀等耕作刀具的刃口不应有缺口、裂纹。刀具及刀座应无裂纹、变形,各焊接部位及紧固件

牢固可靠。

3.5.2 更换旋耕刀刀片时,其安装排列应符合原设计规定。

3.5.3 刀轴应无弯曲变形和裂纹,安装应牢固可靠。

3.5.4 刀片与刀座连接处的螺栓等级应不低于8.8级,螺母应不低于8级,安装牢固可靠。

3.6 整机

3.6.1 修理所用的零部件应符合本标准和相关技术条件要求。

3.6.2 各部位不应有妨碍操作、影响安全及限制原机性能的改装。

3.6.3 电气线路应连接正确、完整,绝缘、卡固良好。

3.6.4 传动带或链条等外露运动部件、动力传动与旋耕刀等旋转工作部件、发动机排气部件等可致人伤害处设置的安全防护装置应齐全完好,安装牢固可靠。安全防护装置应符合 GB 10395.1 和 GB 10395.10 中的规定。

3.6.5 外露运动部件、动力传动部件、旋耕刀、发动机排气部件、发动机燃油箱等有危险的部位,应有醒目的永久性安全标志。标志符号、文字、图形、颜色及尺寸应符合 GB 10396 中的有关规定。其他安全防护装置和安全标志修理后应符合产品设计要求。

3.6.6 微耕机上的紧急停机装置应工作正常。

3.6.7 各部位密封应良好。发动机、变速箱、传动箱不应有渗漏现象;各密封面及管接处应接合严密,不应有漏油、漏气和漏水现象。

3.6.8 油门调整装置、发动机停机装置应灵活可靠。

3.6.9 离合器应接合平稳,分离彻底,无打滑、发抖、异常声响。

3.6.10 变速箱换挡机构操纵应灵活,无跳挡、乱挡、异常声响。

3.6.11 耕刀总成转动应灵活平稳,不应有卡滞和碰擦现象。

4 验收与交付

4.1 验收

微耕机整机以及主要零部件经修理后,其功能和相关技术参数应符合本标准的要求。

4.2 交付

修理后的微耕机以及主要零部件在办理交接手续时,承修单位应根据 GB/T 16784.2—1998 中第4章的要求,向用户交付修理合格证和维修记录单。维修记录单应标明:

    a) 修理的故障内容;

    b) 修理项目、修理内容或更换零部件的名称、数量和价格。

维修记录单应由承修单位和用户签字。维修记录单的格式参见 GB/T 16784.2—1998 的附录 A。

5 保用要求

承修单位对修理后的微耕机整机以及主要零部件应提供质量保证承诺,自交接之日起,质量保证期不少于3个月(另有合同约定或法规规定的除外),在正常使用与保养的情况下,质量保证期内修理部位出现的修理质量问题,承修单位应负责返工包修。

ICS 65.060.50
B 91

中华人民共和国农业行业标准

NY/T 2199—2012

油菜联合收割机　作业质量

Operating quality for rapeseed combine harvesters

2012-12-07 发布　　　　　　　　　　　　　　　　2013-03-01 实施

中华人民共和国农业部 发布

前　言

本标准按照 GB/T 1.1 给出的规则起草。

本标准由农业部农业机械化管理司提出。

本标准由全国农业机械标准化技术委员会农业机械化分技术委员会(SAC/TC 201/SC 2)归口。

本标准起草单位:农业部南京农业机械化研究所、江苏大学、江苏沃得农业机械有限公司。

本标准主要起草人:石磊、吴崇友、王忠群、李耀明、杨震环、金诚谦、梁苏宁、陈长松。

油菜联合收割机 作业质量

1 范围

本标准规定了油菜联合收割机作业的质量要求、检测方法和检测规则。

本标准适用于油菜联合收割机(以下简称联合收割机)收获直播油菜的作业质量评定。

2 规范性引用文件

下列文件对于本文件的应用是必不可少的。凡是注日期的引用文件,仅注日期的版本适用于本文件。凡是不注日期的引用文件,其最新版本(包括所有的修改单)适用于本文件。

GB/T 5262 农业机械试验条件 测定方法的一般规定

GB/T 6979.1 联合收割机及功能部件 第1部分:词汇

GB/T 8097 收获机械 联合收割机 试验方法

NY/T 1231 油菜联合收获机质量评价技术规范

3 术语和定义

GB/T 6979.1 和 NY/T 1231 界定的以及下列术语和定义适用于本文件。

3.1

总损失率 total loss rate

联合收割机作业过程中收割机机体和割台损失籽粒的质量与应收籽粒总质量的比例,用百分率表示。

3.2

含杂率 impurities rate

联合收割机收获含有杂质的籽粒中杂质质量占其应收籽粒总质量的比例,用百分率表示。

3.3

破碎率 broken rate

联合收割机作业中因机械损伤而造成破损的成熟籽粒质量占应收籽粒总质量比例,用百分率表示。

4 作业质量指标

4.1 作业条件

本标准规定的作业质量指标值是按下列一般作业条件确定的。油菜为完熟期,最低角果高度不低于 350 mm,油菜植株不倒伏,植株自然高度不超过 1 800 mm,籽粒含水率为 12%～25%,茎秆平均含水率小于 70%。

4.2 性能要求

4.2.1 在 4.1 规定的作业条件下,联合收割机作业质量要求应符合表 1 的规定。

表 1 作业质量要求一览表

序号	检测项目名称	质量指标要求		检测方法对应的条款号
		冬油菜	春油菜	
1	总损失率,%	≤8.0	≤6.0	5.3.1
2	含杂率,%	≤5.0	≤4.0	5.3.2

表 1（续）

序号	检测项目名称	质量指标要求		检测方法对应的条款号
		冬油菜	春油菜	
3	破碎率,%	≤0.5		5.3.3
4	割茬高度合格率,%	≥80		5.3.4

4.2.2 作业条件不符合 4.1 的一般情况时,作业服务和被服务双方可在表 1 的基础上另行商定。

4.2.3 使用联合收割机作业时,不应对土壤和籽粒造成目测可见的燃油或机油污染。

4.2.4 在没有明显障碍物的情况下,联合收割机作业后的田块不应有漏割、漏收现象。

5 检测方法

5.1 作业条件测定

按 GB/T 5262 的规定,在作业地块中采用五点法确定检测点,并在收获作业前,按 GB/T 5262 的规定进行田间调查,测取与作业质量检测有关的基础数据,如籽粒含水率、茎秆含水率、最低角果高度、作物自然高度、自然落粒、公顷产量等。

5.2 一般要求

5.2.1 检测应在作业地块现场进行正常作业时进行。在作业地块中确定检测区,检测区由准备区、测定区和停车区连续的三部分组成。准备区长度应不少于 10 m;测定区长度应不少于 20 m;停车区长度应不少于 10 m。检测区宽度为联合收割机的三个工作幅宽以上,不临地边。检测时,联合收割机应以正常工作状态先割掉靠边的一幅,从第二个幅宽开始测试。

5.2.2 检测时,联合收割机以正常工作状态通过准备区,测定区中途不许停车和进行调整,停在停车区内。

5.2.3 联合收割机的试验程序按 GB/T 8097 的规定进行。

5.3 作业质量检测方法

5.3.1 总损失率

在收割后地块按五点法确定测量点位,每点位处沿联合收割机前进方向划取长度为 1 m(割幅大于 2 m 时,划取长度为 0.5 m),宽为联合收割机工作幅宽的取样区域,在取样区域内收集所有的落粒和角果,得到全部损失的籽粒,称出质量减去自然落粒量,换算成每平方米油菜籽损失量。求出 5 个点位的总损失率平均值。

根据收获的油菜籽质量和与其对应的收获面积,计算每平方米油菜籽收获量。按式(1)计算总损失率。

$$P_s = \frac{W_{ss}}{W_{sh} + W_{ss}} \times 100 \cdots\cdots\cdots\cdots\cdots\cdots\cdots\cdots\cdots\cdots\cdots\cdots (1)$$

式中:

P_s ——总损失率,单位为百分率(%);

W_{ss} ——每平方米油菜籽损失量,单位为克每平方米(g/m²);

W_{sh} ——每平方米油菜籽收获量,单位为克每平方米(g/m²)。

5.3.2 含杂率

在联合收割机正常作业收获的籽粒中随机抽取 5 份样品,每份不少于 2 000 g。对取得的油菜籽样品采用四分法得到一份约 500 g 的样品,称出样品质量。对样品进行清选处理,将其中的杂质清除后称量,按式(2)计算含杂率。求出 5 份样品含杂率平均值。

$$P_z = \frac{W_{zz} - W_{zq}}{W_{zz}} \times 100 \cdots\cdots\cdots\cdots\cdots\cdots\cdots\cdots\cdots\cdots\cdots\cdots (2)$$

式中：

P_z ——含杂率，单位为百分率（%）；

W_{zz} ——样品质量，单位为克（g）；

W_{zq} ——杂质清除后样品质量，单位为克（g）。

5.3.3 破碎率

将去掉杂质的油菜籽样品混合后，从中取出样品 5 份，每份约 200 g，称出样品质量。挑选出其中的破碎籽粒后称量，按式（3）计算破碎率。求出 5 份样品破碎率平均值。

$$P_p = \frac{W_{pz} - W_{pq}}{W_{pz}} \times 100 \quad\cdots\cdots\cdots\cdots\cdots\cdots\cdots\cdots\cdots\cdots\cdots\cdots（3）$$

式中：

P_p ——破碎率，单位为百分率（%）；

W_{pz} ——样品质量，单位为克（g）；

W_{pq} ——破碎籽粒清除后样品质量，单位为克（g）。

5.3.4 割茬高度合格率

在试验区内，均匀多点随机测 50 株～60 株油菜割茬，割茬高度≤350 mm 的为合格，按式（4）计算割茬高度合格率。

$$P_h = \frac{W_{hz} - W_{hq}}{W_{hz}} \times 100\cdots\cdots\cdots\cdots\cdots\cdots\cdots\cdots\cdots\cdots\cdots\cdots（4）$$

式中：

P_h ——割茬高度合格率，单位为百分率（%）；

W_{hz} ——样株总数，单位为株；

W_{hq} ——割茬高度＞350 mm 的样株总数，单位为株。

5.3.5 污染情况

用目测法观察收获的籽粒、田块和茎秆应无联合收割机燃油或机油污染。

5.3.6 漏割、漏收情况

用目测法观察收获后的田块，应无漏割、漏收的地块。

6 检验规则

6.1 检测结果不符合本标准第 4 章相应要求时判该项目不合格。检测项目分类见表 2。

表 2 检测项目分类表

项	检　测　项　目
1	总损失率
2	破碎率
3	含杂率
4	割茬高度合格率
5	污染情况
6	漏割、漏收情况

6.2 判定规则

对检测项目进行逐项考核。全部检测项目合格时，判定联合收割机作业质量为合格；否则为不合格。

ICS 65.040.10
B 92

中华人民共和国农业行业标准

NY/T 2200—2012

活塞式挤奶机 质量评价技术规范

Technical specification of quality evaluation for piston milking machine

2012-12-07 发布

2013-03-01 实施

中华人民共和国农业部 发布

NY/T 2200—2012

目　次

前言

1 范围

2 规范性引用文件

3 术语和定义

4 基本要求

　4.1 质量评价所需的文件资料

　4.2 主要技术参数核对与测量

　4.3 试验条件

　4.4 主要仪器设备

5 质量要求

　5.1 性能要求

　5.2 安全要求

　5.3 装配质量

　5.4 外观质量

　5.5 操作方便性

　5.6 使用有效度

　5.7 标牌

　5.8 使用说明书

　5.9 三包凭证

6 检验方法

　6.1 性能试验

　6.2 安全要求

　6.3 装配质量

　6.4 外观质量

　6.5 操作方便性

　6.6 使用有效度测定

　6.7 标牌

　6.8 使用说明书

　6.9 三包凭证

7 检验规则

　7.1 不合格项目分类

　7.2 抽样方案

　7.3 评定规则

附录 A（规范性附录）　产品规格确认表

前　言

本标准按照 GB/T 1.1 给出的规则起草。

本标准由农业部农业机械化管理司提出。

本标准由全国农业机械标准化技术委员会农业机械化分技术委员会(SAC/TC 201/SC 2)归口。

本标准起草单位:内蒙古自治区农牧业机械试验鉴定站。

本标准主要起草人:王强、苏日娜、陈晖明、王作勋、吴淑琴、成沙令。

活塞式挤奶机 质量评价技术规范

1 范围

本标准规定了活塞式挤奶机产品质量要求、检验方法和检验规则。

本标准适用于活塞式挤奶机（以下简称挤奶机）产品质量评定。

2 规范性引用文件

下列文件对于本文件的应用是必不可少的。凡是注日期的引用文件，仅注日期的版本适用于本文件。凡是不注日期的引用文件，其最新版本（包括所有的修改单）适用于本文件。

GB/T 2828.11—2008 计数抽样检验程序 第 11 部分：小总体声称质量水平的评定程序

GB/T 3768 声学 声压法测定噪声源声功率级 反射面上方采用包络测量表面的简易法

GB 4706.46 家用和类似用途电器的安全 挤奶机的特殊要求

GB/T 5667 农业机械生产试验方法

GB/T 5981 挤奶设备 词汇

GB/T 8186—2011 挤奶设备 结构与性能

GB/T 8187—2011 挤奶设备 试验方法

GB/T 9480 农林拖拉机和机械、草坪和园艺动力机械 使用说明书编写规则

GB 10396 农林拖拉机和机械、草坪和园艺动力机械 安全标志和危险图形 总则

3 术语和定义

GB/T 5981 界定的以及下列术语和定义适用于本文件。

3.1

活塞式挤奶机 piston milking machine

通过活塞的往复运动与上、下球阀的开启和关闭配合实现挤奶脉动和真空的小型移动式挤奶机械。

3.2

最大真空度 maximum vacuum

挤奶机正常运转时关闭所有进气口后所产生的真空度的最大值。

4 基本要求

4.1 质量评价所需的文件资料

对挤奶机进行质量评价所需文件资料应包括：

a) 产品规格确认表（见附录 A），并加盖企业公章；

b) 企业产品执行标准或产品制造验收技术条件；

c) 产品使用说明书；

d) 三包凭证；

e) 样机照片（应能充分反映样机特征）。

4.2 主要技术参数核对与测量

依据产品使用说明书、铭牌和其他技术文件，对样机的主要技术参数按表 1 进行核对或测量。

表 1　核测项目与方法

序号	项目	单位	方法
1	规格型号名称	/	核对
2	配套动力	kW	核对
3	整机质量	kg	测量
4	外型尺寸(长×宽×高)	mm	测量
5	挤奶杯组数	组	核对
6	曲柄轴转速	r/min	测量
7	工作真空度	kPa	测量
8	脉动频率	次/min	核对
9	脉动比率	/	核对

4.3　试验条件

4.3.1　试验场地、样机安装、工具和器具应满足各项指标的测定要求。

4.3.2　试验样机应按使用说明书要求进行调整和维护保养。

4.3.3　试验电压应符合电机额定电压,偏差应在±5%内。

4.3.4　试验环境温度应为5℃~40℃。

4.3.5　试验用奶杯塞应符合GB/T 8187—2011中4.9的规定。

4.4　主要仪器设备

被测参数准确度要求应满足表2的规定。试验用仪器设备应检定或校准合格,并在有效期内。

表 2　主要试验用仪器设备测量范围和准确度要求

测量参数名称	测量范围	准确度要求
脉动频率	1次/min~100次/min	1次/min
脉动比率	1%~99%	1%
噪声	30dB(A)~130dB(A)	2级
容积	0mL~5 000mL	0.2%
真空度	0kPa~90kPa	0.6 kPa
转速	50r/min~3 000r/min	2%

5　质量要求

5.1　性能要求

挤奶机性能及质量要求应符合表3的规定。

表 3　性能指标及质量要求

序号	项目			质量指标	对应检测方法条款
1	真空表刻度的分度间隔,kPa			≤2	6.1.2
2	真空表精度			≤1	6.1.3
3	脉动系统	脉动频率,次/min		设定值±3	6.1.4
		脉动比率,%		设定值±5	
		脉动相位	b相,%	≥30	
			d相,%	≥15	
			d相,ms	≥150	
4	挤奶桶的有效工作容积,L			达到设计值	6.1.5
5	最大真空度,kPa			≥60	6.1.6
6	密封性,kPa			≤2	6.1.7
7	噪声,dB(A)			≤80	6.1.8

5.2 安全要求

5.2.1 电气元件部分应符合 GB/T 8186—2011 中 4.3 的要求。

5.2.2 材质应符合 GB/T 8186—2011 中 4.4 的相关要求。

5.2.3 皮带轮、曲轴等外露旋转部件应有安全防护装置;防护装置应有足够强度、刚度,在正常使用中不应产生裂缝、撕裂或永久变形。

5.2.4 外露旋转部件安全防护装置应有安全警告标志;活塞泵、电机易产生高温的部位应有防烫标志;接地端子处应有接地标志;电控操作系统应有防触电标志。所有标志应符合 GB 10396 的规定。

5.3 装配质量

5.3.1 各紧固件、联接件应牢固可靠、不松动。

5.3.2 各运转件应转动灵活、平稳,不应有异常震动、异常声响及卡滞现象。

5.3.3 密封部位应密封可靠,不应有漏气现象。

5.4 外观质量

5.4.1 机器表面不应有图样未规定的明显凸起、凹陷;不应有磕碰、锈蚀等缺陷。

5.4.2 涂漆应平整、光滑。漆膜不应有流挂、起泡、起皱、划痕。

5.4.3 焊接件的焊缝应平整光滑,不应有烧焊、漏焊、焊渣、飞溅等影响外观的缺陷。

5.5 操作方便性

5.5.1 各操纵机构应灵活、有效;各润滑油注入点应设计合理,便于操作。

5.5.2 各设备的布置应合理,保证维护和维修时操作人员有足够的活动空间。

5.5.3 换装易损件应方便。

5.5.4 成品收集应便于操作,不受阻碍。

5.5.5 清洗操作应方便,清洗后各零件内外应无奶液残留。

5.5.6 挤奶机的结构应能保证一个人完成所有操作。

5.6 使用有效度

挤奶机的使用有效度应不低于 95%。

5.7 标牌

5.7.1 产品应有铭牌,且固定在明显位置。

5.7.2 铭牌应至少包括以下内容:
- a) 产品名称及型号;
- b) 配套动力;
- c) 整机质量;
- d) 产品执行标准;
- e) 出厂日期;
- f) 出厂编号;
- g) 制造厂名称、地址。

5.8 使用说明书

5.8.1 使用说明书的编制应符合 GB/T 9480 的规定。

5.8.2 使用说明书应包括以下内容:
- a) 产品特点及主要用途;
- b) 安全注意事项;
- c) 产品执行标准及主要技术参数;

d)　结构特征及工作原理；

e)　安装、调整和使用方法；

f)　维护和保养说明；

g)　常见故障及原因、排除方法。

5.9　三包凭证

5.9.1　三包凭证应包括以下内容：

a)　产品品牌（如有）、型号规格、购买日期、产品编号；

b)　生产者名称、联系地址、电话；

c)　已经指定销售者和修理者的,应有销售者和修理者的名称、联系地址、电话、三包项目；

d)　整机三包有效期；

e)　主要零部件名称和质量保证期；

f)　易损件及其他零部件质量保证期；

g)　销售记录（包括销售者、销售地点、销售日期和购机发票号码）；

h)　修理记录（包括送修时间、交货时间、送修故障、修理情况和换退货证明）；

i)　不承担三包责任的情况说明。

5.9.2　整机三包有效期应不小于1年。

5.9.3　主要零部件质量保证期应不小于1年。

6　检验方法

6.1　性能试验

6.1.1　试验要求

6.1.1.1　启动挤奶机,使挤奶机处于工作状态,并将所有挤奶装置连接起来。所有奶杯安装符合4.3.5规定的奶杯塞并将所有的控制部件置于工作状态。

6.1.1.2　试验前样机的空运转时间应不少于15 min,检查各运转件是否工作正常、平稳。

6.1.2　真空表刻度的分度间隔测定

目测并记录在真空表20 kPa～70 kPa的真空度范围时真空表刻度的分度间隔的最大值。

6.1.3　真空表精度测定

使挤奶机和真空调节器均处于工作状态,试验真空表的连接应靠近挤奶机真空表的连接点,记录挤奶机真空表和试验真空表的真空度值,上述两值的差异作为真空表的误差。

6.1.4　脉动系统测定

按GB/T 8187—2011中6.2的规定进行测定。

6.1.5　挤奶桶有效工作容积的测定

按GB/T 8187—2011中8.5的规定进行测定。

6.1.6　最大真空度测定

试验真空表连接靠近挤奶机真空表的连接点,关闭真空调节器进气口,记录挤奶机真空度稳定时的值作为最大真空度。

6.1.7　密封性

试验真空表连接靠近挤奶机真空表的连接点,关闭真空调节器进气口,当挤奶机达到最大真空度时停机,记录1 min内其真空度的下降值。

6.1.8　噪声测定

按照GB/T 3768中规定的方法测量挤奶机工作状态下噪声的声压级,布点如图1所示。各点应位于挤奶机四周的中心,距挤奶机最外端距离 1 m,距地面高度 1.5 m。共测 3 次,取各点测量结果平均值,结果保留一位小数。

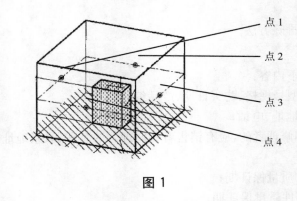

图 1

6.2 安全要求

电气元件部分的安全要求按 GB 4706.46 的要求检查;材质部分的安全要求按 GB/T 8186—2011 中 4.4 的相关要求检查;外露旋转部件安全防护装置和安全警示标志采用目测法按要求进行检查。

6.3 装配质量

在试验过程中,观察是否符合 5.3 的要求。

6.4 外观质量

采用目测法检查外观质量是否符合 5.4 的要求。

6.5 操作方便性

通过实际操作,观察样机是否符合 5.5 的要求。

6.6 使用有效度测定

对经过性能检测的 2 台样机,按 GB/T 5667 的规定进行使用有效度考核。每台样机考核时间应不少于 100h。使用有效度按式(1)计算。

$$K = \frac{\sum T_z}{\sum T_g + \sum T_z} \times 100 \cdots\cdots\cdots\cdots\cdots\cdots\cdots\cdots\cdots\cdots\cdots\cdots (1)$$

式中:

K——使用有效度,单位为百分率(%);

T_z——生产考核期间的班次作业时间,单位为小时(h);

T_g——生产考核期间每班次故障时间,单位为小时(h)。

6.7 标牌

目测产品标牌是否符合 5.7 的要求。

6.8 使用说明书

审查使用说明书是否符合 5.8 的要求。

6.9 三包凭证

审查三包凭证是否符合 5.9 的要求。

7 检验规则

7.1 不合格项目分类

检验项目按其对产品质量影响的程度分为 A、B 两类,不合格项目分类见表 4。

表 4　检验项目及不合格分类表

不合格项目分类		检验项目		对应条款
项目分类	序号			
A	1	安全要求		5.2
	2	脉动系统	脉动频率	5.1
			脉动比率	5.1
			脉动相位	5.1
	3	噪声		5.1
	4	最大真空度		5.1
	5	密封性		5.1
	6	使用有效度[a]		5.6
B	1	挤奶桶的有效工作容积		5.1
	2	真空表刻度的分度间隔		5.1
	3	真空表精度		5.1
	4	使用说明书		5.8
	5	三包凭证		5.9
	6	装配质量		5.3
	7	外观质量		5.4
	8	操作方便性		5.5
	9	标牌		5.7

[a]　在监督性检查中,可不考核使用有效度指标。

7.2　抽样方案

7.2.1　抽样方案按 GB/T 2828.11—2008 附录 B 中表 B.1 制定,见表 5。

7.2.2　采用随机抽样,在工厂 6 个月内生产的合格产品中或销售部门随机抽取 3 台,其中 2 台用于检验,另 1 台备用。由于非质量原因造成试验无法继续进行时,启用备用样机。抽样基数应不少于 35 台,市场或使用现场抽样不受此限。

表 5　抽样方案

检验水平	O
声称质量水平(DQL)	1
核查总体(N)	35
样本量(n)	2
不合格品限定数(L)	0

7.3　评定规则

7.3.1　样品合格判定

对样本中 A、B 各类检验项目逐项考核和判定。当 A 类不合格项目数为 0(即 A＝0)、B 类不合格项目数不超过 1(即 B≤1)时,判定样品为合格产品;否则,判定样品为不合格产品。

7.3.2　综合判定

若样品为合格品(即样品的不合格品数不大于不合格限定数),则判该核查通过;若样品为不合格品(即样品的不合格品数大于不合格限定数),则判该核查总体不合格。

附 录 A
（规范性附录）
产品规格确认表

产品规格确认表见表 A.1。

表 A.1 产品规格确认表

序号	项目	单位	规格
1	规格型号名称	/	
2	配套动力	kW	
3	整机质量	kg	
4	外型尺寸(长×宽×高)	mm	
5	挤奶杯组数	组	
6	曲柄轴转速	r/min	
7	工作真空度	kPa	
8	脉动频率	次/min	
9	脉动比率	/	

ICS 65.060.50
B 91

中华人民共和国农业行业标准

NY/T 2201—2012

棉花收获机　质量评价技术规范

Technical specifications of quality evaluation for cotton pickers

2012-12-07 发布

2013-03-01 实施

中华人民共和国农业部 发布

NY/T 2201—2012

前　言

本标准按照 GB/T 1.1 给出的规则起草。

本标准由农业部农业机械化管理司提出。

本标准由全国农业机械标准化技术委员会农业机械化分技术委员会(SAC/TC 201/SC 2)归口。

本标准起草单位:农业部棉花机械质量监督检验测试中心。

本标准主要起草人:马惠玲、迪丽娜、王冰。

棉花收获机　质量评价技术规范

1　范围

本标准规定了棉花收获机的基本要求、质量要求、检测方法和检验规则。

本标准适用于摘锭滚筒式棉花收获机的质量评定,其他型式棉花收获机可参照执行。

2　规范性引用文件

下列文件对于本文件的应用是必不可少的。凡是注日期的引用文件,仅注日期的版本适用于本文件。凡是不注日期的引用文件,其最新版本(包括所有的修改单)适用于本文件。

GB/T 2828.11　计数抽样检验程序　第11部分:小总体声称质量水平的评定程序

GB/T 4269.1　农林拖拉机和机械、草坪和园艺动力机械　操作者操纵机构和其他显示装置用符号　第1部分:通用符号

GB/T 4269.2　农林拖拉机和机械、草坪和园艺动力机械　操作者操纵机构和其他显示装置用符号　第1部分:农用拖拉机和机械用符号

GB/T 9239.1　机械振动　恒态(刚性)转子平衡品质要求　第1部分:规范与平衡允差的检验

GB/T 9480　农林拖拉机和机械、草坪和园艺动力机械　使用说明书编写规则

GB 10395.1　农林机械　安全　第1部分:总则

GB 10395.7—2006　农业拖拉机和机械　安全技术要求　第7部分:联合收割机、饲料和棉花收获机

GB 10396　农林拖拉机和机械、草坪和园艺动力机械　安全标志和危险图形　总则

GB/T 13306　标牌

GB/T 14248　收获机械　制动性能测定方法

GB 20891　非道路移动机械用柴油机排气污染物排放限值及测量方法

GB/T 21397—2008　棉花收获机

JB/T 6268—2005　自走式收获机械　噪声测定方法

JB/T 6287　谷物联合收割机　可靠性评定试验方法

JB/T 9832.2—1999　农林拖拉机及机具　漆膜　附着性能测定方法　压切法

3　术语和定义

GB/T 21397—2008中界定的术语和定义适用本文件。

4　基本要求

4.1　文件资料

应提供产品执行标准、产品使用说明书、三包凭证、样机照片、产品规格确认表各一份。

4.2　主要技术参数核对与测量

对样机的主要技术参数按表1进行核对或测量。

表 1 产品规格确认表

序号	项　　目	技术文件规定值	核对或测量
1	产品规格型号		核对
2	结构型式		核对
3	采摘形式		核对
4	外形尺寸(长×宽×高),mm		测量
5	整机质量,kg		测量
6	发动机功率,kW		核对
7	发动机额定转速,r/min		核对
8	采摘行数,行		核对
9	采棉头个数,个		核对
10	采棉滚筒个数,个		核对
11	适应采摘行距,mm		测量
12	每台棉花收获机上的摘锭,个		核对
13	最小离地间隙,mm		测量
14	储棉箱容积,m³		测量
15	最低卸棉高度,mm		测量
16	卸棉方式		核对
17	轮胎型号:驱动轮/导向轮		核对
18	轮距,mm		测量
19	轴距,mm		测量

4.3 试验条件

4.3.1 棉花种植模式必须符合棉花收获机采收的要求,待采棉田的地表应较平坦,无沟渠、较高田埂,便于棉花收获机通过,无法清除的障碍物应作出明显标记。

4.3.2 棉花需经脱叶催熟技术处理,经喷洒脱叶剂的棉花,采摘棉花脱叶率应在 80% 以上,棉桃的吐絮率应在 80% 以上,籽棉含水率不大于 12%,棉株上应无杂物,如塑料残物、化纤残条等。

4.3.3 棉花生长高度在 65 cm 以上,最低结铃离地高度应大于 18 cm,不倒伏,籽棉产量在 3 750 kg/hm² 以上,在使用说明书规定的作业速度下作业。

4.4 主要仪器设备

主要用仪器设备测量范围和准确度符合表 2 的规定。

表 2 测量范围和准确度要求

序号	被测参数名称	测量范围	准确度要求
1	长度	0 m～5 m	±1 mm
		≥5m	±5 mm
2	质量	0 g～5 000 g	±1 g
		0 g～200 g	±0.1 g
		0 t～30 t	±0.01 t
3	噪声	37 dB(A)～130 dB(A)	±0.5 dB(A)
4	时间	0 h～24 h	±0.5 s/d
5	温度	0℃～50℃	±1℃
6	湿度	0%～100%	5%
7	风速	0 m/s～5 m/s	±0.1 m/s

5 质量要求

5.1 作业性能

棉花收获机的作业性能应符合表3的规定。

表3　作业性能指标

	项　目	指　标
1	采净率,%	≥93
2	籽棉含杂率,%	≤11
3	撞落棉率,%	≤2.5
4	卸棉性能	棉箱升降时应平稳,无卡滞现象。棉箱压实搅龙工作应平稳可靠,并能保证棉花向棉箱内均匀分布,且不得有明显缠绕。卸棉时,棉箱输送机构应能顺利带出,无卡滞现象,输送链条的张力应适中,工作时无碰擦声,最大卸棉高度不低于3.5 m,且保证正常卸棉

5.2　安全要求

5.2.1　对操作者存在或有潜在危险的部位(如正常操作时必须外露的功能件,防护装置的开口处和维修保养时有危险的部位)应在明显位置固定耐久的安全标志。安全标志应符合GB 10396的规定。

5.2.2　自走式棉花收获机以75%最高行驶速度制动时,制动距离不大于10 m,且后轮不应跳起。

5.2.3　自走式棉花收获机驻车制动应能可靠地停在20%(11°18′)的干硬纵向和侧向坡道上。

5.2.4　结构安全要求应符合附录A的规定。

5.2.5　自走式棉花收获机动态环境噪声应不大于95 dB(A),驾驶员位置处噪声不大于88 dB(A)。柴油机排气污染物排放限值应符合GB 20891的有关规定。

5.2.6　发动机排气管道应有火星熄灭功能或安装火星熄灭装置,应安装隔热装置且排气管出口处离地面高度不小于1.5 m。

5.2.7　自走式棉花收获机至少应安装上下部位前照灯、转向灯、示廓灯或标识、制动灯、倒车灯、警示灯、牌照灯、仪表灯、反光标志,且显示正常;其他配装的灯系应工作正常。

5.2.8　自走式棉花收获机各有关光、声信号指示、监视系统如(转向、燃油表、水温表、电压表、机油压力警告灯、关机指示灯、倒车声响装置、慢速标识、回复反射器、棉箱满载光声提示信号等)应齐全,工作正常。

5.2.9　采棉工作部件应有机械锁定装置。

5.3　装配、涂漆、焊接及外观质量

5.3.1　各紧固件、连接件应牢固可靠、不松动。

5.3.2　各运动件灵活、平稳、不应有异常响声和卡阻等现象。

5.3.3　外观应色泽鲜明,平整光滑,无漏底、流痕、起泡和起皱。

5.3.4　漆膜附着力应不低于JB/T 9832.2—1999中的Ⅱ级。

5.3.5　各焊接件焊接表面应清渣,焊缝应均匀,不应有脱焊、漏焊、烧穿、夹渣、气孔等缺陷。

5.4　操纵方便性

5.4.1　进入驾驶位置应方便,各操纵装置应容易操作和识别,各操纵机构应灵活、有效,应具有防止割台传动意外接合的机构,在使用说明书中有对操纵机构及其所处不同位置的描述。

5.4.2　各张紧、调节机构应可靠,调整方便。

5.4.3　各离合器结合应平稳、可靠,分离完全彻底。

5.4.4　变速箱、传动箱应无异常响声、脱挡及乱挡现象。

5.4.5　保养点设置应便于操作。

5.4.6 换装易损件应方便。

5.4.7 自走式棉花收获机的结构应能保证驾驶员操作方便。

5.4.8 液压操纵系统应灵活可靠,无卡滞现象。

5.4.9 电气开关、按钮应操作方便,开关自如,不得因振动而自行接通或关闭。

5.5 自走式棉花收获机配套动力必须保证棉花收获机正常作业,起动应顺利平稳,在气温−5℃~35℃时,每次起动时间不大于30 s。

5.6 棉花收获机应做不少于30 min空运转试验,空运转期间应无异常。

5.7 采棉工作部件升降应灵活、平稳、可靠,不得有卡阻等现象,提升速度不低于0.20 m/s,下降速度不低于0.15 m/s;在规定范围内机构调整应自如,并能可靠地固定在所需位置上,静置30 min后,静沉降量不大于10 mm;仿形装置应反应灵活,无停顿、滞留现象。

5.8 液压系统各机构应工作灵敏,在最高压力下,元件和管路联结处或机件和管路结合处均不得有泄漏现象,无异常噪声和管道振动。

5.9 润滑系统油路应安装牢固,接口及管路无泄漏和阻塞现象。

5.10 自走式棉花收获机油泵压力、流量应符合设计要求工作正常,应能保证棉花收获机高速运转时的润滑油供应。

5.11 电气装置及线路应完整无损,安装牢固,不得因振动而松脱、损坏,不得产生短路和断路。

5.12 发电机技术性能应良好。蓄电池应能保持常态电压,电系导线应具有阻燃性能,所有电系导线均需捆扎成束,布置整齐,固定卡紧,接头牢靠并有绝缘套,在导线穿越孔洞时应设绝缘套管。

5.13 可靠性

5.13.1 平均故障间隔时间应不小于40 h。

5.13.2 有效度≥92%。

5.14 使用信息

5.14.1 使用说明书

使用说明书的编制应符合GB/T 9480的要求,至少应包括以下内容:

    a) 再现安全警示标志、标识,明确表示粘贴位置;

    b) 主要用途和适用范围;

    c) 主要技术参数;

    d) 正确的安装与调试方法;

    e) 操作说明;

    f) 安全注意事项;

    g) 维护与保养要求;

    h) 常见故障及排除方法;

    i) 产品"三包"内容,也可单独成册;

    j) 易损件清单;

    k) 产品执行标准代号。

5.14.2 三包凭证

至少应包括以下内容:

    a) 产品品牌、型号规格、生产日期、购买日期、产品编号;

    b) 生产者的名称、联系地址和电话;

    c) 销售者、修理者的名称、联系地址、电话;

d) 三包项目；

e) 三包有效期(包括整机三包有效期,主要部件质量保证期以及易损件和其他零部件的质量保证期,其中整机三包有效期和主要部件质量保证期不得少于一年)；

f) 销售记录(应包括销售者、销售地点、销售日期和购机发票号码等项目)；

g) 修理记录(应包括送修时间、交货时间、送修故障、修理情况、换退货证明等项目)。

5.14.3 标牌

在产品的明显位置设置标牌,并符合 GB/T 13306 的规定,标牌至少包括以下内容：

a) 产品的型号、名称及产品标准编号；

b) 行数、发动机功率；

c) 制造企业名称及详细地址；

d) 制造日期及出厂编号。

5.15 主要零部件质量

5.15.1 关键零件包括轴类、轴承座、摘锭、座管、风机叶轮等。

5.15.2 机械加工件质量符合制造单位工艺文件要求,其检验项次合格率不应低于90%。

5.15.3 风机叶轮平衡品质级别不应低于 G16 级。

6 检测方法

6.1 技术参数核测

对样机的规格型号按表1进行核对与测量,确定样机与技术文件规定的一致性。

6.2 性能试验

性能试验按 GB/T 21397—2008 中 5.3 的规定进行测定。

6.3 制动性能

6.3.1 驻车制动按 GB/T 14248 的规定进行测定。

6.3.2 行车制动按 GB/T 14248 的规定测定冷态制动距离 3 次,计算其平均值。

6.4 噪声

噪声按 JB/T 6268—2005 的规定进行测定。

6.5 排放

柴油机排气污染物排放测量方法按 GB 20891 的规定进行。

6.6 采棉工作部件升降速度

操纵采棉工作部件升降控制阀手柄或操纵杆,使采摘台从最低位置提升到最高位置,然后再从最高位置下降到最低位置,测 3 次,分别记录采棉工作部件提升和下降所需时间以及升降台的最低和最高位置时离地高度。取其平均值。计算升降台提升和下降速度。

6.7 采棉工作部件静沉降

操纵采摘台控制阀手柄或操纵杆,使采摘台提升到最高位置,然后将发动机熄火,随即分别测量采摘台左、右最外缘某两点离地高度。静置 30 min 后,再次测量上述两点的离地高度,计算两者差值,取其平均值。

6.8 卸棉翻转性能

操纵卸棉控制阀,使棉箱从运输状态翻转到卸棉状态,然后再从卸棉状态返回到运输状态,测 3 次,分别记录所需时间,取其平均值。

6.9 主要零部件质量

6.9.1 在制造单位合格品区或半成品库中随机抽取关键零件。其中机械加工件抽样种类不少于 4 种,每种不少于3件;其中对风机叶轮抽样时取2件。

6.9.2 机械加工件的检验总项次不应少于50项次。按制造单位的工艺文件要求检验机械加工件的尺寸公差或形位公差等。

6.9.3 按GB/T 9239.1规定对风机叶轮进行平衡检验。

6.10 结构安全

按GB 10395.1、GB 10395.7—2006、GB 10396中的有关规定进行结构安全要求检查(见附录A)。

6.11 可靠性

按JB/T 6287的相关规定进行可靠性试验,可靠性试验时间不少于120 h。使用有效度按式(1)计算。

$$K_c = \frac{\sum T_z}{\sum T_g + \sum T_z} \times 100 \cdots\cdots\cdots\cdots\cdots\cdots\cdots\cdots\cdots\cdots (1)$$

式中:

K_c——使用有效度,单位为百分率(%);

T_z——生产考核期间的作业时间,单位为小时(h);

T_g——生产考核期间的故障时间,单位为小时(h)。

6.12 使用说明书按5.14.1的要求逐项检查。

6.13 三包规定按5.14.2的要求逐项检查。

6.14 产品标牌按5.14.3的要求逐项检查。

7 检验规则

7.1 抽样方法

7.1.1 抽样方案应符合GB/T 2828.11的规定。

7.1.2 样机由制造企业提供且应是近一年内生产的合格产品,在制造企业明示的合格产品存放处或生产线上随机抽取,抽样基数不少于5台(市场或使用现场抽样不受此限)。

7.1.3 整机抽样数量2台。

7.2 不合格分类

所检测项目不符合本标准第5章质量要求的称为不合格。不合格按其对产品质量影响程度分为A、B、C三类。不合格分类见表4。

表4 检验项目及不合格分类表

不合格分类		检验项目		对应条款号
类别	序号			
A类	1	安全要求	结构安全要求	5.2.4
	2		安全标志	5.2.1
	3		发动机排气管	5.2.6
	4		行车制动	5.2.2
	5		驻车制动	5.2.3
	6		动态环境噪声	5.2.5
	7		驾驶员位置处噪声	
	8		灯光信号要求	5.2.8;5.2.7
	9		机械锁定装置	5.2.9
	10	采净率		5.1
	11	平均故障间隔时间		5.13.1

表 4（续）

不合格分类		检验项目	对应条款号
类别	序号		
B类	1	有效度	5.13.2
	2	籽棉含杂率	5.1
	3	撞落棉率	5.1
	4	卸棉性能	5.1
	5	液压系统	5.8
	6	润滑系统	5.9
	7	采棉工作部件	5.7
	8	主要零部件质量	5.15
C类	1	静沉降	5.7
	2	升降速度	5.7
	3	操纵方便性	5.4
	4	电气装置	5.11
	5	发电机	5.12
	6	油泵	5.10
	7	起动性能	5.5
	8	外观	5.3
	9	使用说明书	5.14.1
	10	三包凭证	5.14.2
	11	产品标牌	5.14.3
	12	空运转	5.6

7.3 评定规则

7.3.1 采用逐项考核,按类判定。各类不合格项目数均小于或等于相应接收数 Ac 时,判定产品合格,否则判定产品不合格。判定规则见表 5。

7.3.2 试验期间,因样机质量原因造成故障,致使试验不能正常进行,应判定产品不合格。

表 5 判定规则

不合格分类	A		B	C	
检验水平	S-1				
样本量字码	A				
样本量(n)	2		2	2	
项次数	11×2		8×2	12×2	
AQL	6.5		25	40	
Ac Re	0	1	1 2	2	3
注:表中 AQL 为接受质量限,Ac 为接收数,Re 为拒收数。					

附 录 A

（规范性附录）
结构安全要求检查项目

结构安全检查项目见表 A.1。

表 A.1 结构安全检查项目

序号	检验项目	合格指标说明		检测结果		
				防护情况	防护距离	结构
1	危险运动件安全防护	各轴系、带轮、链轮、胶带和链条等运动件（对操作者无危害时可除外）应有防护装置，且防护装置的结构和危险件的安全距离应符合 GB 10395.1 的有关规定	带轮、链轮			
			胶带、链条			
			各部位裸露的轴头			
			风扇			
2	安全标志	对操作者存在或有潜在危险的部位（如正常操作时必须外露的功能件，防护装置的开口处和维修保养时有危险的部位）应固定耐久的安全标志。安全标志应符合 GB 10396 的规定				
3	灭火器	必须在易于取卸的位置上配备有效的灭火器，并在使用说明书中说明灭火器是操作者首先考虑到的保护工具，说明其使用方法及放置位置				
4	采棉工作部件固定机械机构	棉花收获机应设置将采棉工作部件保持在提起位置的机械装置，使用说明书中应给出该装置的使用方法。发动机熄火后，控制机构应保持采棉工作部件不降落				
5	挤压和剪切部位	操作者坐在座位上，手或脚触及范围内不应有剪切或挤压部位。如果座位后部相邻部件具有光滑的表面，座位靠背各面交界无棱边，则认为作为靠背和其后部相邻部件间不存在危险部位				
6	驾驶室	驾驶室内部的最小空间尺寸应符合 GB 10395.7—2006 中图 1 的规定				
		驾驶室门道尺寸应符合 GB 10395.7—2006 中图 3 的规定	门道总高度≥1 350 mm			
			宽度≥550 mm			
			最下端宽度≥300 mm			
		驾驶室挡风玻璃必须使用安全玻璃。设置两块足够大的后视镜，每侧一个，以保证行驶安全				
7	座位尺寸及座位位置调整	座位的位置应舒适、可调，座位尺寸应符合 GB 10395.7—2006 中图 2 的规定	座位前宽≥（150＋150）mm			
			座位宽≥450 mm			
			靠背斜高≥260 mm			
			座位高 500 mm～600 mm			
		座位的调整应不使用工具手动进行，垂直方向的最小调整量为±50 mm。垂直方向调整和水平纵向调整应能独立进行	垂直方向			
			水平纵向			
8	方向盘位置和安全间隙	方向盘应合理配置和安装，使操作者在正常操作位置上能安全方便的控制和操作棉花收获机；方向盘轴线最好位于座位中心轴线上，任何情况下偏置量均应不大于 50 mm。固定部件和方向盘之间的间隙应符合 GB 10395.7—2006 中图 1 的规定。方向盘最大自由行程为 30°	方向盘偏置量			
			最大自由行程			
9	操纵装置操纵符号安全间隙	棉花收获机的操纵符号应固定在相应的操纵装置附近，它们的位置应符合 GB/T 4269.1 和 GB/T 4269.2 规定的清晰耐久符号标出，或用适合操作者的文种描述				
		操纵力≥50 N 时：≥50 mm				
		操纵力＜50 N 时：≥25 mm				

表 A.1（续）

序号	检验项目	合格指标说明	检测结果		
			防护情况	防护距离	结构
10	梯子的扶手或扶栏或抓手	门道梯子两侧应设置扶手或扶栏,以使操作者与梯子始终保持三处接触			
		扶手/扶栏的横截面尺寸 25 mm～35 mm			
		扶手/扶栏的较低端离地高度≤1 600 mm			
		扶手/扶栏的后侧的放手间隙≥50 mm			
		抓手距梯子较高级踏板高度≤1 000 mm			
		扶栏长度≥150 mm			
11	操作平台及梯子	梯子除符合 GB 10395.1 的要求外,还应满足下列要求:梯子的结构应防止形成泥土层			
		从梯子上下来时向下可以看到下一级梯子塔板外缘			
		驾驶台地板应有防滑及排水措施			
		梯子向上或向下移动时,不应造成挤压和冲击操作者现象			
		脚踏板宽度≥200 mm			
		踏板深度≥150 mm			
		阶梯间隔≤300 mm			
		最低一级踏板表面离地高度≤550 mm			
12	采棉工作部件升降控制机构	控制机构应有保护或定位措施,防止误操作引起部件危险地移动			
13	机构的分离和清理	维修和保养期间,意外移动会产生潜在挤压和剪切运动的机构,应留在适当间隙或进行防护或设置挡板			
14	液体排放点位置	发动机油(燃油、润滑油等)和液压油的排放点应设置在离地面较近处			
15	蓄电池位置	蓄电池应设置于便于保养和维修的位置处。电器件、电瓶的非接地端应进行防护,以防止与其意外接触及与地面形成短路			

ICS 65.060
B 90

中华人民共和国农业行业标准

NY/T 2202—2012

碾米成套设备　质量评价技术规范

Technical specifications of quality evaluation for complete sets of rice milling
equipment

2012-12-07 发布

2013-03-01 实施

中华人民共和国农业部 发布

NY/T 2202—2012

前　言

本标准按照 GB/T 1.1 给出的规则起草。

本标准由农业部农业机械化管理司提出。

本标准由全国农业机械标准化技术委员会农业机械化分技术委员会(SAC/TC 201/SC 2)归口。

本标准起草单位:辽宁省农机质量监督管理站、山东同泰集团股份有限公司、山东精良海纬机械有限公司

本标准主要起草人:白阳、张文松、李社星、滕平、吴义龙、金英慧、孙本珠。

碾米成套设备　质量评价技术规范

1　范围

本标准规定了碾米成套设备产品质量要求、检验方法和检验规则。

本标准适用于生产率不大于 12 t/h 的碾米成套设备（以下简称成套设备）的产品质量评定。

2　规范性引用文件

下列文件对于本文件的应用是必不可少的。凡是注日期的引用文件，仅注日期的版本适用于本文件。凡是不注日期的引用文件，其最新版本（包括所有的修改单）适用于本文件。

GB 1350—2009　稻谷

GB 1354—2009　大米

GB/T 2828.11—2008　计数抽样检验程序　第 11 部分：小总体声称质量水平的评定程序

GB/T 5491　粮食、油料检验　扦样、分样法

GB/T 5494　粮油检验　粮食、油料的杂质、不完善粒检验

GB/T 5495　粮油检验　稻谷出糙率检验

GB/T 5497　粮食、油料检验　水分测定法

GB/T 5502　粮油检验　米类加工精度检验

GB/T 5503—2009　粮油检验　碎米检验法

GB/T 5667　农业机械生产试验方法

GB/T 6971—2007　饲料粉碎机　试验方法

GB/T 9239.1　机械振动　恒态（刚性）转子平衡品质要求　第 1 部分：规范与平衡允差的检验

GB/T 9480　农林拖拉机和机械、草坪和园艺动力机械　使用说明书编写规则

GB 10395.1—2009　农林机械　安全　第 1 部分：总则

GB 10396　农林拖拉机和机械、草坪和园艺动力机械　安全标志和危险图形　总则

GB/T 12620—2008　长圆孔、长方孔和圆孔筛板

GB 23821　机械安全　防止上下肢触及危险区的安全距离

JB/T 9832.2—1999　农林拖拉机及机具　漆膜附着性能测定方法　压切法

3　术语和定义

下列术语和定义适用于本文件。

3.1

碾米成套设备　complete sets of rice milling equipment

包括输送、清理、砻谷、谷糙分离，至少两道碾米及大米分级等工艺过程的稻米加工整套设备。

3.2

筛出碎米　sifted out broken rice

由大米分级机中筛孔基本尺寸最小的筛层筛下的碎大米。

3.3

成品大米　finished product rice

由大米分级机筛分后，除筛出碎米外的其余所有大米。

4 基本要求

4.1 质量评价所需的文件资料

对成套设备进行质量评价所需要提供文件资料应包括：

a) 产品规格确认表（见附录 A），并加盖企业公章；

b) 企业产品执行标准或产品制造验收技术条件；

c) 产品使用说明书；

d) 三包凭证；

e) 样机照片（应能充分反映样机特征）。

4.2 主要技术参数核对与测量

依据产品使用说明书、铭牌和其他技术文件，对样机的主要技术参数按表1进行核对或测量。

表 1 核测项目与方法

序号	项 目		方 法
1	规格型号名称		核对
2	配套总功率		核对
3	生产率		核测
4	输送设备	数量	核对
		配套功率总和	核对
5	碾米机	规格型号名称	核对
		数量	核对
		配套功率	核对
6	清理设备	规格型号名称	核对
		配套功率	核对
7	砻谷机	规格型号名称	核对
		配套功率	核对
8	谷糙分离机	规格型号名称	核对
		配套功率	核对
9	大米分级机	规格型号名称	核对
		配套功率	核对

4.3 试验条件

4.3.1 试验场地、样机安装、工具和器具应满足各项指标的测定要求。

4.3.2 试验样机应按使用说明书要求进行调整和维护保养。

4.3.3 试验动力应采用电动机。**试验电压**应符合额定电压，偏差不应超过±5%。

4.3.4 试验用**仪器设备**应检定或校准合格，在有效期内。

4.3.5 **试验物料**应为 GB 1350—2009 中规定 3 等或 3 等以上的早籼稻谷、晚籼稻谷或粳稻谷中的一种，水分不大于 14.5%，杂质含量不大于 1%。

4.3.6 试验时，大米分级机中筛孔最小的筛层应采用筛孔基本尺寸 2.0 mm 筛片（或筛网）。

4.4 主要仪器设备

仪器设备的量程、测量准确度及被测参数准确度要求应满足表2规定。

表 2 主要仪器设备测量范围和准确度要求

测量参数名称		测量范围	准确度要求
耗电量		0 kW·h～500 kW·h	1.0 级
质量	稻谷、大米质量	0 kg～100 kg	±50 g
	其他样品质量	0 g～2 000 g	±0.01 g

表2（续）

测量参数名称	测量范围	准确度要求
时间	0 h～24 h	±0.5 s/d
噪声	30 dB(A)～130 dB(A)	2型
电阻	0 MΩ～500 MΩ	2.5级
温度	0 ℃～100 ℃	±1%
粉尘浓度	0 mg/m³～30 mg/m³	±10%
水分	0%～50%	±2%

5 质量要求

5.1 性能及成品大米加工质量要求

成套设备的性能及成品大米加工质量应符合表3的规定。

表3 性能及大米成品加工质量指标

序号	项 目		质量指标			对应的检测方法条款号
			早籼稻谷	晚籼稻谷	粳稻谷	
1	出米率，%		≥91k[a]	≥92k	≥91k	6.1.2
2	成品大米率，%		≥95	≥97	≥98	6.1.2
3	生产率，kg/h		不低于企业明示值			6.1.2
4	吨料电耗，kW·h/t		≤40			6.1.2
5	粉尘浓度，mg/m³		≤10			6.1.3
6	噪声，dB(A)		≤93			6.1.4
7	成品大米温升，℃		≤14			6.1.6
8	轴承温升，℃		≤25			6.1.7
9	清理损失率，%		≤1.5			6.1.8
10	成品大米加工质量	大米加工精度	符合GB 1354—2009中规定的二级			6.1.5.2
		大米中碎米率，%	≤20	≤20	≤10	6.1.5.2
		大米中小碎米率，%	≤0.5	≤0.5	≤0.3	6.1.5.2
		大米中不完善粒含量，%	≤3.0			6.1.5.2
		大米中杂质总量，%	≤0.25			6.1.5.2
		大米中稻谷粒含量，粒/kg	≤4			6.1.5.2
		大米中糠粉含量，%	≤0.15			6.1.5.2
[a] k为试验用稻谷的出糙率。出米率质量指标取一位小数。						

5.2 安全要求

5.2.1 外露运转件应有安全防护装置。防护装置应有足够强度、刚度，保证在正常使用中不产生裂缝、撕裂或永久变形。防护装置的安全距离应符合GB 23821的规定。

5.2.2 可能影响人身安全的部位应有符合GB 10396规定的安全标志。

5.2.3 在常态下，各电动机电接线端子与成套设备机体间的绝缘电阻应不小于20 MΩ。

5.2.4 配电箱（或电控箱）的布线应整齐、清晰、合理，应有过载保护装置和漏电保护装置，应有醒目的防触电安全标志，操纵按钮处应用中文文字或符号标志标明用途。

5.2.5 操作者工作位置平台离地垂直高度大于550 mm时，应设置便于操作者安全上下的梯子和扶手。梯子的尺寸应符合GB 10395.1—2009中图3的规定，扶手应符合GB 10395.1—2009中4.5.1.3的规定。操作者工作平台应符合GB 10395.1—2009中4.5.2.1和4.5.2.2的规定。

5.2.6 进入非操作者工作位置（如维修和保养区）的梯子应符合GB 10395.1—2009中4.6.1、4.6.2、4.6.3的规定。

5.3 装配质量

5.3.1 各紧固件、联接件应牢固可靠、不松动。

5.3.2 各运转件应转动灵活、平稳,不应有异常震动、异常声响及卡滞现象。

5.3.3 密封部位应密封可靠,不应有漏糠、漏米现象。

5.4 外观质量

各设备表面应平整光滑,不应有碰伤划伤痕迹及制造缺陷。油漆表面应色泽均匀,不应有露底、起泡、起皱、流挂现象。

5.5 漆膜附着力

应符合 JB/T 9832.2—1999 中表 1 规定的 Ⅱ 级或 Ⅱ 级以上要求。

5.6 操作方便性

5.6.1 各润滑油注入点应设计合理,保证保养时,不受其他部件和设备的阻碍。

5.6.2 各设备的布置应合理,保证维护和维修时有足够的活动空间。

5.6.3 原料的添加及成品收集应便于操作,不受阻碍。

5.6.4 各操纵机构及控制按钮等位置应设置合理,保证通道畅通。

5.7 使用有效度

成套设备的使用有效度不应低于 95%。

5.8 使用说明书

成套设备应有产品使用说明书,使用说明书的内容应符合 GB/T 9480 的规定。

5.9 三包凭证

成套设备应有三包凭证,三包凭证应包括以下内容:

a) 产品品牌(如有)、型号规格、购买日期、产品编号;

b) 生产者名称、联系地址、电话;

c) 已经指定销售者和修理者的,应有销售者和修理者的名称、联系地址、电话、三包项目;

d) 整机三包有效期(不低于 1 年);

e) 主要零部件名称和质量保证期(不低于 1 年);

f) 易损件及其他零部件名称和质量保证期;

g) 销售记录(包括销售者、销售地点、销售日期、购机发票号码);

h) 修理记录(包括送修时间、交货时间、送修故障、修理情况、换退货证明);

i) 不承担三包责任的情况说明。

5.10 关键零件质量

5.10.1 关键零件包括轴类、轴承座、米辊等机械加工件及砻谷机胶辊、风机叶轮、筛片等。

5.10.2 机械加工件质量符合制造单位工艺文件要求,筛片质量应符合 GB/T 12620—2008 中第 5 章的规定。其检验项次合格率不应低于 90%。

5.10.3 胶辊、风机叶轮平衡品质级别不应低于 G16 级。

5.11 标牌

5.11.1 成套设备应有标牌,且固定在明显位置。

5.11.2 标牌应至少包括以下内容:

a) 产品型号;

b) 产品名称;

c) 配套总动力;

d) 生产率;

e) 制造单位。

6 检验方法

6.1 性能试验

6.1.1 试验要求

6.1.1.1 试验前,按GB/T 5491规定在准备的试验物料中抽取样品,按GB/T 5495规定检验试验物料出糙率,按GB 1350—2009规定对试验物料定等,按GB/T 5497规定或采用谷物水分速测仪检验试验物料水分,按GB/T 5494规定检验试验物料杂质含量。试验物料等级、水分和杂质含量应符合4.3.5要求。

6.1.1.2 **负载试验时间**不少于30 min。试验前,根据成套设备额定生产率计算并准确**称量足够的**试验物料。

6.1.1.3 样机进行不少于5 min的**空运转**,检查各运转件是否工作正常、平稳。

6.1.1.4 空运转结束后,开始填加稻谷进行调试,并按规定将样机调试至正常工作状态(即,各工艺设备的生产率保持一致,成套设备的负载功率不应超过配套总功率的110%,成品大米加工精度应达到GB 1354—2009中规定的二级)。在保持上述工作状态不变的情况下,工作5 min后,开始负载试验。

6.1.2 生产率、吨料电耗、出米率及成品大米率测定

待调试用稻谷全部通过原粮提升机进料闸门的瞬间,开始加入称量后的试验物料,同时开始累计耗电量和试验时间,并在大米分级机的成品大米出口和筛出碎米出口接取成品大米和筛出碎米。待试验物料全部通过原粮提升机进料闸门的瞬间,停止累计耗电量和试验时间及成品大米和筛出碎米的接取。记录耗电量和试验时间,并称量接取的成品大米(包括成品大米样品)和筛出碎米质量。分别按式(1)、式(2)、式(3)计算生产率、吨料电耗和成品大米率,结果保留1位小数;按式(4)计算出米率,结果保留2位小数。

$$E = \frac{G_c + G_x}{T} \times 60 \cdots\cdots\cdots\cdots\cdots\cdots\cdots \tag{1}$$

式中:

E——生产率,单位为千克每小时(kg/h);

G_c——加工出的成品大米总质量,单位为千克(kg);

G_x——加工出的筛出碎米总质量,单位为千克(kg);

T——试验时间,单位为分钟(min)。

$$Q = \frac{N}{G_d} \times 1\,000 \cdots\cdots\cdots\cdots\cdots\cdots\cdots \tag{2}$$

式中:

Q——吨料电耗,单位为千瓦小时每吨(kW·h/t);

N——耗电量,单位为千瓦小时(kW·h);

G_d——试验物料质量,单位为千克(kg)。

$$C_c = \frac{G_c}{G_c + G_x} \times 100 \cdots\cdots\cdots\cdots\cdots\cdots \tag{3}$$

式中:

C_c——成品大米率,单位为百分率(%)。

$$C = \frac{G_c + G_x}{G_d} \times 100 \cdots\cdots\cdots\cdots\cdots\cdots \tag{4}$$

式中:

C——出米率,单位为百分率(%)。

6.1.3 粉尘浓度测定

负载试验 10 min 后,开始粉尘浓度测定。分别测定操作者经常工作的碾米机、砻谷机处的粉尘浓度。测点位于距地面 1.5 m、距碾米机或砻谷机外缘 1 m 处。按 GB/T 6971—2007 中 5.1.6 规定进行测量和计算;或采用粉尘浓度速测仪进行测定,每点至少测量 3 次,分别计算各点粉尘浓度平均值。以各测点的最大粉尘浓度值作为测量结果,结果保留 1 位小数。

6.1.4 噪声测定

6.1.4.1 测定位置和测点同 6.1.3 规定,且测点距厂房墙壁的水平距离不应低于 2 m。用声级计测量各测点的 A 声声压级,测量时声级计的传声器应朝向碾米机或砻谷机。每点至少测量 3 次,分别计算各点噪声平均值,并按 6.1.4.2 规定对结果进行修正。以各测点修正后最大噪声值作为测量结果,结果保留 1 位小数。

6.1.4.2 试验前,在各测点测量背景噪声。当各测点平均噪声值与背景噪声差值小于 3 dB(A)时,测量结果无效;当各测点平均噪声值与背景噪声差值大于 10 dB(A)时,测量结果不需修正;当各测点平均噪声值与背景噪声差值在 3 dB(A)~10 dB(A)之间时,测量结果应减去修正值,噪声修正值见表 4。

表 4 噪声修正值

平均噪声值与背景噪声差值,dB(A)	3	4~5	6~8	9~10
噪声修正值,dB(A)	3	2	1	0.5

6.1.5 成品大米质量测定

6.1.5.1 取样

负载试验 5 min 后,开始在大米分级机各级成品大米出口(或将各级成品大米合并为一个出口)同步横断接取成品大米样品,每间隔 10 min 接取一次,共接取 3 次,每次接取样品时间不少于 10 s。将 3 次接取的样品充分混合后,从中抽取不少于 2 000 g,用于成品大米质量测定。

6.1.5.2 测定方法

按 GB/T 5502 的规定测定大米加工精度;按 GB/T 5503—2009 的规定测定大米中碎米率和大米中小碎米率;按 GB/T 5494 的规定测定大米中不完善粒含量、大米中杂质总量、大米中糠粉含量、大米中稻谷粒含量。

6.1.6 成品大米温升测定

在负载试验前测量试验物料温度;当负载试验进行到 25 min 后,在最后一道碾米机出口测量大米温度。两温度差值即为测定结果。

6.1.7 轴承温升测定

负载试验结束后,立即测量各碾米机主轴轴承外壳温度及砻谷机主要轴承外壳温度,计算各轴承外壳温度与环境温度差值,取最大值作为测量结果。

6.1.8 清理损失率测定

负载试验 5 min 后,开始在原料清理设备各出杂口同步横断接取杂质样品,每间隔 10 min 接取一次,共接取 3 次,每次接取样品时间为 1 min。分别称量每次接取的杂质样品总质量,并捡出其中饱满粮粒(不包括稻穗)称量质量,按式(5)计算清理损失率。取 3 次结果平均值,保留 2 位小数。

$$M = \frac{m_1}{m} \times 100 \quad \cdots\cdots\cdots\cdots\cdots\cdots\cdots\cdots\cdots\cdots\cdots\cdots\cdots\cdots (5)$$

式中:

M——清理损失率,单位为百分率(%);

m_1——每次接取的杂质样品中饱满粮粒质量,单位为克(g);

m——每次接取的杂质样品总质量,单位为克(g)。

6.2 安全要求

6.2.1 采用目测法检查 5.2.1、5.2.2、5.2.4、5.2.5、5.2.6 的要求,其中梯子和扶手的尺寸按 GB 10395.1—2009 中有关规定进行测量。

6.2.2 用绝缘电阻测量仪施加 500 V 电压,测量各电动机接线端子与成套设备各机体间的绝缘电阻值。

6.3 装配质量

在试验过程中,观察是否符合 5.3 的要求。

6.4 外观质量

采用目测法检查外观质量是否符合 5.4 的要求。

6.5 漆膜附着力

分别在碾米、砻谷、清理、谷糙分离、输送等设备表面各任选 3 处,按 JB/T 9832.2—1999 规定进行检查。

6.6 操作方便性

通过实际操作,观察样机是否符合 5.6 的要求。

6.7 使用有效度测定

按 GB/T 5667 规定进行使用有效度考核,考核时间不应少于 100 h。使用有效度按式(6)计算。

$$K_c = \frac{\sum T_z}{\sum T_g + \sum T_z} \times 100 \cdots\cdots\cdots\cdots\cdots\cdots\cdots\cdots\cdots\cdots\cdots (6)$$

式中:

K_c——使用有效度,单位为百分率(%);

T_z——生产考核期间的作业时间,单位为小时(h);

T_g——生产考核期间的故障时间,单位为小时(h)。

6.8 使用说明书

审查使用说明书是否符合 5.8 的要求。

6.9 三包凭证

审查三包凭证是否符合 5.9 的要求。

6.10 关键零件质量

6.10.1 在制造单位合格品区或半成品库中随机抽取关键零件。其中机械加工件和筛片的抽样种类不少于 4 种,每种不少于 2 件;胶辊、风机叶轮各抽取 2 件。

6.10.2 机械加工件和筛片的检验总项次不应少于 40 项次。按制造单位的工艺文件要求检验机械加工件的尺寸公差或形位公差等;按 GB/T 12620—2008 中 6.1、6.2、6.3、6.4 及附录 A 规定检验筛片质量。

6.10.3 按 GB/T 9239.1 的规定对胶辊、风机叶轮进行平衡检验。

6.11 标牌

检查标牌是否符合 5.11 的要求。

7 检验规则

7.1 不合格项目分类

检验项目按其对产品质量影响的程度分为 A、B、C 三类,不合格项目分类见表 5。

表 5 检验项目及不合格分类表

项目分类	序号	项目名称		对应的质量要求的条款号
A	1	安全要求		5.2
	2	大米加工精度		5.1
	3	噪声		5.1
	4	吨料电耗		5.1
	5	粉尘浓度		5.1
	6	使用有效度[a]		5.7
		生产率		5.1
B	1	出米率		5.1
	2	成品大米率		5.1
	3	大米中碎米率		5.1
	4	大米中小碎米率		5.1
	5	大米中不完善粒含量		5.1
	6	大米中杂质总量		5.1
	7	使用说明书		5.8
	8	三包凭证		5.9
	9	关键零件质量	机械加工件和筛片的检验项次合格率	5.10.2
			胶辊、风机叶轮平衡	5.10.3
C	1	成品大米温升		5.1
	2	轴承温升		5.1
	3	大米中稻谷粒含量		5.1
	4	大米中糠粉含量		5.1
	5	清理损失率		5.1
	6	装配质量		5.3
	7	外观质量		5.4
	8	漆膜附着力		5.5
	9	操作方便性		5.6
	10	标牌		5.11

[a] 在监督性检查中,可不考核使用有效度指标。

7.2 抽样方案

抽样方案按 GB/T 2828.11—2008 中表 B.1 制定,见表 6。

表 6 抽样方案

检验水平	O
声称质量水平(DQL)	1
核查总体(N)	10
样本量(n)	1
不合格品限定数(L)	0

7.3 抽样方法

根据抽样方案确定,抽样基数为 10 套,被检样品为 1 套,样品在制造单位生产的合格产品中随机抽取(其中,在用户中和销售部门抽样时不受抽样基数限制)。被抽样品应是近一年内生产的产品。

7.4 判定规则

7.4.1 样品合格判定

对样品的 A、B、C 各类检验项目进行逐一检验和判定,当 A 类不合格项目数为 0(即,A=0)、B 类不合格项目数不超过 1(即,B≤1)、C 类不合格项目数不超过 2(即,C≤2)时,判定样品为合格产品;否则判定样品为不合格品。

7.4.2 综合判定

若样品为合格品(即,样品的不合格品数不大于不合格品限定数),则判该核查通过;若样品为不合格品(即,样品的不合格品数大于不合格品限定数),则判核查总体不合格。

附　录　A

（规范性附录）

产品规格确认表见表 A.1。

表 A.1　产品规格确认表

序号	项　目		单位	规　格			
1	规格型号名称		—				
2	配套总功率		kW				
3	生产率		kg/h				
4	输送设备	数量	台				
		配套功率总和	kW				
5	碾米机	规格型号名称	—				……
		数量	台				
		配套功率	kW				
6	清理设备	规格型号名称	—				
		配套功率	kW				
7	砻谷机	规格型号名称	—				
		配套功率	kW				
8	谷糙分离机	规格型号名称	—				
		配套功率	kW				
9	大米分级机	规格型号名称	—				
		配套功率	kW				

ICS 65.060.99
B 93

中华人民共和国农业行业标准

NY/T 2203—2012

全混合日粮制备机　质量评价技术规范

Technical specification of quality evaluation for total mixed ration mixer

2012-12-07 发布

2013-03-01 实施

中华人民共和国农业部 发布

前　言

本标准按照 GB/T 1.1 给出的规则起草。

本标准由农业部农业机械化管理司提出。

本标准由全国农业机械标准化技术委员会农业机械化分技术委员会(SAC/TC 201/SC 2)归口。

本标准起草单位:辽宁省农机质量监督管理站。

本标准主要起草人:孙本珠、白阳、吴义龙、丁宁、任峰、金英慧、杨柳。

全混合日粮制备机 质量评价技术规范

1 范围

本标准规定了全混合日粮制备机产品质量要求、核测方法和检验规则。

本标准适用于固定式和牵引式全混合日粮制备机(以下简称制备机)产品的质量评定。

2 规范性引用文件

下列文件对于本文件的应用是必不可少的。凡是注日期的引用文件,仅注日期的版本适用于本文件。凡是不注日期的引用文件,其最新版本(包括所有的修改单)适用于本文件。

GB/T 230.1 金属材料 洛氏硬度试验 第1部分:试验方法(A、B、C、D、E、F、H、K、N、T标尺)

GB/T 2828.11—2008 计数抽样检验程序 第11部分:小总体声称质量水平的评定程序

GB/T 3768 声学 声压法测定噪声源声功率级 反射面上方采用包络测量表面的简易法

GB/T 5667 农业机械生产试验方法

GB/T 6971—2007 饲料粉碎机 试验方法

GB/T 9480 农林拖拉机和机械、草坪和园艺动力机械 使用说明书编写规则

GB 10395.1 农林机械 安全 第1部分:总则

GB 10396 农林拖拉机和机械、草坪和园艺动力机械 安全标志和危险图形 总则

GB 23821 机械安全 防止上下肢触及危险区的安全距离

JB/T 9832.2—1999 农林拖拉机及机具 漆膜附着性能测定方法 压切法

3 术语和定义

下列术语和定义适用于本文件。

3.1

全混合日粮制备机 total mixed ration mixer

同时具备切割、揉搓、搅拌功能,且用于加工全混合日粮的机械。

注:全混合日粮是指将牧草、青贮饲料、预混饲料和其他辅助饲料按照一定的比例进行充分混合,配制成适宜反刍动物的一种营养相对平衡的饲料。

4 基本要求

4.1 质量评价所需的文件资料

对全混合日粮制备机进行质量评价所需要的文件资料应包括:

a) 产品规格确认表(见附录A),并加盖企业公章;

b) 企业产品执行标准或产品制造验收技术条件;

c) 产品使用说明书;

d) 三包凭证;

e) 样机照片(应能充分反映样机特征)。

4.2 主要技术参数核对与测量

依据产品使用说明书、标牌和其他技术文件,对样机的主要技术参数按表1进行核对或测量。

表 1 核测项目与方法

序 号	项 目	方 法
1	规格型号	核对
2	结构型式	核对
3	搅拌室容积	核对
4	整机外形尺寸(长×宽×高)	测量
5	整机质量	核对
6	配套动力型式	核对
7	配套功率	核对
8	刀片形式	核对
9	刀片数量	核对
10	主搅拌轴转速	测量
11	生产率	核对

4.3 试验条件

4.3.1 试验场地应有足够的空间,满足试验物料和搅拌后卸出物料的堆放。

4.3.2 配备足够的工作人员或专用机具,用于添加试验物料和清理卸出物料,并能够保证添加试验物料过程的连续性和卸料过程顺畅。

4.3.3 试验物料采用统一配方。其中,牧草占20%,青贮料占45%,预混饲料和其他辅助饲料(包括用示踪法测量混合均匀度时添加的示踪物质)占35%。试验前分别测量各种物料的水分,并计算水分加权平均值,如达不到40%时应适量加水调整,使水分加权平均值达到40%~50%。试验用牧草的水分应不大于20%。

4.3.4 用示踪法测量混合均匀度时,试验物料中不应含有与示踪物质相同的物料;用筛分法测量混合均匀度时,不添加示踪物质。

4.3.5 以电动机为配套动力时,电动机应符合产品使用说明书规定,试验电压应符合额定工作电压,偏差不超过±5%;以拖拉机为配套动力时,配套拖拉机应符合产品使用说明书规定。

4.3.6 试验环境温度应不低于0℃。

4.3.7 试验样机按产品使用说明书规定进行调整和维护保养,达到正常工作状态后方可进行测试。

4.3.8 试验用仪器设备应检定或校准合格,并在有效期内。

4.4 主要仪器设备

仪器设备的量程、测量准确度及被测参数准确度要求应满足表2的规定。

表 2 主要试验用仪器设备测量范围和准确度要求

序号	测量参数		测量范围	准确度要求
1	噪声,dB(A)		30~130	2型
2	粉尘浓度,mg/m³		0~30	10%
3	耗电量,kW·h		0~500	1.0级
4	功耗(或功率)	转矩,N·m	0~5 000	1%
		转速,r/min	0~1 500	1%
5	硬度,HRC		20~70	1
6	质量,kg		0~100	0.05
	质量,g		0~1 000	0.1
7	时间,h		0~24	0.5 s/d
8	温度,℃		0~100	1%

5 质量要求

5.1 性能要求

制备机性能应符合表 3 的规定。

表 3 性能指标要求

序号	项 目		质量指标	对应的检测方法条款号
1	混合均匀度,%		≥85	6.1.2
2	噪声,dB(A)		≤90	6.1.5
3	粉尘浓度,mg/m³		≤10	6.1.6
4	吨料能耗,kW·h/t	以电动机为配套动力	≤4.5	6.1.4.1
		以拖拉机为配套动力	≤4.2	6.1.4.1 或 6.1.4.2
5	轴承温升,℃		≤30	6.1.7
6	生产率,kg/h		不小于企业明示值	6.1.3
7	自然残留率,%		≤1.5	6.1.8

注:以拖拉机为动力的制备机不考核"噪声"指标。

5.2 安全要求

5.2.1 外露运转件应有安全防护装置。防护装置应有足够强度、刚度,保证在正常使用中不产生裂缝、撕裂或永久变形。防护装置的安全距离应符合 GB 23821 的规定。

5.2.2 在传动装置、加料口、卸料门、电控装置等危险部位应粘贴符合 GB 10396 规定的安全标志。

5.2.3 卸料门开启时应有锁定装置,并可靠。

5.2.4 用于观察物料状况的梯子应符合 GB 10395.1 的规定。

5.2.5 说明书中安全注意事项应至少包括机器在运转时进入料箱的危险、卸料门下方不得站人以及对操作人员的要求。

5.3 使用有效度

制备机的使用有效度应不低于 95%。

5.4 刀片工作表面硬度

刀片淬火区硬度应为 48 HRC～58 HRC,非淬火区硬度应不大于 38 HRC。

5.5 装配质量

5.5.1 各紧固件、联接件应牢固可靠、不松动。

5.5.2 各运转件应转动灵活、平稳,不应有异常震动、声响及卡滞现象。

5.5.3 制备机在工作过程中不应有物料泄漏现象,润滑及液压系统不应有漏油现象。

5.6 外观质量

5.6.1 钣金件不应有裂纹、折皱和凹瘪现象。电镀件的电镀层应牢固、光亮均匀,不得有剥落、斑点和起泡现象。

5.6.2 整机表面应平整光滑,不应有碰伤、划伤痕迹及制造缺陷。油漆表面应色泽均匀,不应有露底、起泡、起皱和流挂现象。

5.7 漆膜附着力

应符合 JB/T 9832.2—1999 中表 1 规定的 Ⅱ级或 Ⅱ级以上要求。

5.8 操作方便性

5.8.1 调节装置应灵活、可靠。

5.8.2 各注油孔的设置应设计合理,注油时不应受其他部件妨碍。

5.8.3 上料和卸料,不应受其他部件妨碍。

5.8.4 制备机应配备自动计量装置,计量显示器的位置应设置合理,便于观察,分度值应不大于5 kg。

5.9 标牌

5.9.1 制备机应有标牌,且应固定在明显位置。

5.9.2 标牌至少包括以下内容:
   a) 产品型号及名称;
   b) 配套动力;
   c) 搅拌室容积;
   d) 整机质量;
   e) 制造单位;
   f) 生产日期或出厂编号等。

5.10 使用说明书

制备机应有产品使用说明书,其内容应符合GB/T 9480的规定。

5.11 三包凭证

5.11.1 制备机应有三包凭证,并应包括以下内容:
   a) 产品品牌(如有)、型号规格、购买日期、产品编号;
   b) 生产者名称、联系地址、电话;
   c) 已经指定销售者和修理者的,应有销售者和修理者的名称、联系地址、电话、三包项目;
   d) 整机三包有效期;
   e) 主要零部件名称和质量保证期;
   f) 易损件及其他零部件质量保证期;
   g) 销售记录(包括销售者、销售地点、销售日期、购机发票号码);
   h) 修理记录(包括送修时间、交货时间、送修故障、修理情况、换退货证明);
   i) 不承担三包责任的情况说明。

5.11.2 整机三包有效期应不小于1年。

5.11.3 主要零部件质量保证期应不小于1年。

6 检验方法

6.1 性能试验

6.1.1 试验要求

6.1.1.1 以电动机为动力时,将电功仪连接在制备机配套电机的接线端,分别测量每搅拌批次的耗电量;以拖拉机为动力时,将转矩功率仪的传感器联接在拖拉机动力输出轴和制备机的传动轴之间,分别测量每搅拌批次的功耗或功率(转矩功率仪可测量功耗的直接测量功耗,不能测量功耗的则测量功率)。

6.1.1.2 试验进行3个搅拌批次,每搅拌批次搅拌的试验物料量应符合使用说明书规定。

6.1.1.3 每搅拌批次试验前,按配方要求计算并称量各种试验物料,按填加次序堆放在样机附近。

6.1.1.4 试验前样机应进行不少于15 min的空运转试验,检查各运转件运行是否正常、平稳。

6.1.1.5 空运转试验结束后,立即依次填加已称量的各种试验物料,同时开始累计试验时间、耗电量或功耗(或同时开始记录功率测量值),按照使用说明书规定的搅拌时间进行搅拌。搅拌结束后,立即将卸料门全部打开排料,待卸料门最后停止排料时,停止累计试验时间、耗电量或功耗(或停止记录功率测量值),该搅拌批次结束。停机后,进行自然残留率的测定。

注:如卸料过程不能连续作业,则间断期间可不累计试验时间、耗电量或功耗(或不记录功率测量值)。

6.1.2 混合均匀度测定

6.1.2.1 在每搅拌批次排料时,在卸料门处等时间间隔接取不少于 10 份样本,每份样本的质量不少于 300 g。

6.1.2.2 采用示踪法或筛分法测量混合均匀度。

6.1.2.3 用示踪法测量时,示踪物质采用经清选处理,除去杂质和不完善粒的稻谷。示踪物质与预混饲料同时加入,加入量为试验物料总量的 2%~4%。测量混合均匀度时分别捡出每份样本中的示踪物质,计算每份样本中的示踪物质粒数与样本质量的百分比。

6.1.2.4 用筛分法测量时,采用筛孔基本尺寸为 2.0 mm 的标准筛,分别充分筛分每份样本,称量每份样本筛下物质量,计算每份样本筛下物质量与样本质量的百分比。

6.1.2.5 按式(1)计算样本标准差,按式(2)计算混合均匀度。取 3 个搅拌批次的平均值,结果保留一位小数。

$$S = \sqrt{\frac{\sum_{i=1}^{n}(X_i - \overline{X})^2}{n-1}} \quad\cdots\cdots\cdots\cdots\cdots\cdots\cdots\cdots\cdots\cdots \quad (1)$$

式中:

S ——样本标准差;

n ——样本数量;

X_i ——样本中示踪物质粒数与样本质量的百分比(或样本筛下物质量与样本质量的百分比),单位为百分率(%);

$\overline{X}$ ——样本中示踪物质粒数与样品质量的百分比平均值(或样本筛下物质量与样本质量的百分比平均值),单位为百分率(%)。

$$M = \left(1 - \frac{S}{\overline{X}}\right) \times 100 \quad\cdots\cdots\cdots\cdots\cdots\cdots\cdots\cdots\cdots \quad (2)$$

式中:

M ——混合均匀度,单位为百分率(%)。

6.1.3 生产率测定

按式(3)计算生产率。取 3 个搅拌批次的平均值,结果保留一位小数。

$$E_c = \frac{60Q_c}{t_c} \quad\cdots\cdots\cdots\cdots\cdots\cdots\cdots\cdots\cdots\cdots\cdots \quad (3)$$

式中:

E_c ——生产率,单位为千克每小时(kg/h);

Q_c ——每搅拌批次的试验物料总质量,单位为千克(kg);

t_c ——试验时间,单位为分钟(min)。

6.1.4 吨料能耗测定

6.1.4.1 以电动机为动力的和以拖拉机为动力且采用的转矩功率仪可直接测量功耗的,按式(4)计算吨料能耗。取 3 个搅拌批次的平均值,结果保留两位小数。

$$P_d = \frac{1000W_d}{Q_c} \quad\cdots\cdots\cdots\cdots\cdots\cdots\cdots\cdots\cdots\cdots \quad (4)$$

式中:

P_d ——吨料能耗,单位为千瓦时每吨(kW·h/t);

W_d ——每搅拌批次的耗电量或功耗,单位为千瓦时(kW·h)。

6.1.4.2 以拖拉机为动力,但采用的转矩功率仪不能直接测量功耗时,在 6.1.1.5 规定的搅拌批次内,每间隔 3 min 记录一次转矩功率仪测量的功率值,按式(5)计算吨料能耗。取 3 个搅拌批次的平均值,结果保留两位小数。

$$P_d = \frac{50 \sum W_i}{Q_c} \quad\text{...(5)}$$

式中：

W_i——第 i 次记录的转矩功率仪测量的功率值，单位为千瓦（kW）。

6.1.5 噪声测定

按 GB/T 3768 的规定进行。试验开始后，在试验前期、中期、后期各测量 1 次 A 声声压级噪声。测点为样机前、后、左、右 4 点，距样机表面 1 m，距地面高度 1.5 m。取各点测量结果平均值，结果保留一位小数。

6.1.6 粉尘浓度测定

测定操作者经常工作的上料部位或卸料部位的粉尘浓度。测点位于距地面 1.5 m、距制备机外缘 1 m 处。按 GB/T 6971—2007 中 5.1.6 的规定进行测量和计算；或采用粉尘浓度速测仪进行测定时，每点至少测量 3 次，取平均值。以各测点中测得的最大平均值作为测量结果，结果保留一位小数。

6.1.7 轴承温升测定

试验开始前测量各搅拌轴轴承座外壳温度，作为初始温度，在 3 个搅拌批次试验结束后，立即测量各搅拌轴轴承座外壳温度，作为终止温度，计算轴承温升。取其最大值，结果保留一位小数。

6.1.8 自然残留率测定

每搅拌批次结束后，将搅拌室内剩余物料清理干净并称其质量，按式（6）计算自然残留率。取 3 个搅拌批次的平均值，结果保留一位小数。

$$R = \frac{Q_i}{Q_c} \times 100 \quad\text{..(6)}$$

式中：

R——自然残留率，单位为百分率（%）；

Q_i——每搅拌批次搅拌室内残留物料质量，单位为千克（kg）。

6.2 安全要求

采用目测法，按 5.2 的要求逐条进行检查。

6.3 使用有效度测定

按 GB/T 5667 的规定进行使用有效度考核。考核时间应不少于 100 h。使用有效度按式（7）计算。

$$K = \frac{\sum T_z}{\sum T_g + \sum T_z} \times 100 \quad\text{...............................(7)}$$

式中：

K——使用有效度，单位为百分率（%）；

T_z——生产考核期间的作业时间，单位为小时（h）；

T_g——生产考核期间故障时间，单位为小时（h）。

6.4 刀片工作表面硬度测定

在企业成品库中随机抽取 2 片刀片，分别按 GB/T 230.1 的规定进行刀片工作表面硬度测量，每片刀片均在淬火区域和非淬火区域内各选 4 点检验硬度（其中第一点硬度不计），测点间距不少于 10 mm。

6.5 装配质量

在试验过程中，观察是否符合 5.5 的要求。

6.6 外观质量

采用目测法检查外观质量是否符合 5.6 的要求。

6.7 漆膜附着力

在样机表面任选 3 处,按 JB/T 9832.2—1999 规定的方法进行检查。

6.8 操作方便性

通过实际操作,观察样机是否符合 5.8 的要求

6.9 标牌

查看产品标牌是否符合 5.9 的要求。

6.10 使用说明书

审查使用说明书是否符合 5.10 的要求。

6.11 三包凭证

审查使用三包凭证是否符合 5.11 的要求。

7 检验规则

7.1 不合格项目分类

检验项目按其对产品质量影响的程度分为 A、B、C 三类,不合格项目分类见表4。

表4 检验项目及不合格分类表

项目分类	序号	项目名称	对应质量要求条款号
A	1	安全要求	5.2
	2	混合均匀度	5.1
	3	噪声	5.1
	4	粉尘浓度	5.1
B	1	使用有效度ᵃ	5.3
	2	吨料能耗	5.1
	3	自然残留率	5.1
	4	生产率	5.1
	5	刀片工作表面硬度	5.4
	6	使用说明书	5.10
	7	三包凭证	5.11
C	1	轴承温升	5.1
	2	装配质量	5.5
	3	外观质量	5.6
	4	漆膜附着力	5.7
	5	操作方便性	5.8
	6	标牌	5.9
ᵃ 在监督性检查中,可不考核使用有效度指标。			

7.2 抽样方案

抽样方案按 GB/T 2828.11—2008 中表 B.1 制定,见表5。

表5 抽样方案

检验水平	O
声称质量水平(DQL)	1
核查总体(N)	10
样本量(n)	1
不合格品限定数(L)	0

7.3 抽样方法

根据抽样方案确定,抽样基数为 10 套,被检样品为 1 套,样品在制造单位生产的合格产品中随机抽取(其中,在用户中和销售部门抽样时不受抽样基数限制)。被抽样品应是一年内生产的产品。

7.4 判定规则

7.4.1 样品合格判定

对样品的 A、B、C 各类检验项目进行逐一检验和判定。当 A 类不合格项目数为 0（即，A＝0）、B 类不合格项目数不超过 1（即，B≤1）、C 类不合格项目数不超过 2（即，C≤2）时，判定样品为合格产品；否则，判定样品为不合格品。

7.4.2 综合判定

若样品为合格品（即样品的不合格品数不大于不合格品限定数），则判该核查通过；若样品为不合格品（即样品的不合格品数大于不合格品限定数），则判核查总体不合格。

附 录 A

（规范性附录）

产品规格确认表

产品规格确认表见表 A.1。

表 A.1 产品规格确认表

序 号	项 目	单位	规 格
1	规格型号	/	
2	结构型式	/	
3	搅拌室容积	m³	
4	整机外形尺寸(长×宽×高)	mm	
5	整机质量	kg	
6	配套动力型式	/	
7	配套功率	kW	
8	刀片形式	/	
9	刀片数量	/	
10	主搅拌轴转速	r/min	
11	生产率	kg/h	

ICS 65.060.50
B 91

中华人民共和国农业行业标准

NY/T 2204—2012

花生收获机械　质量评价技术规范

Technical specifications of quality evaluation for peanut harvesters

2012-12-07 发布

2013-03-01 实施

中华人民共和国农业部 发布

前　言

本标准按照 GB/T 1.1 给出的规则起草。

本标准由农业部农业机械化管理司提出。

本标准由全国农业机械标准化技术委员会农业机械化分技术委员会(SAC/TC 201/SC 2)归口。

本标准起草单位:山东省农业机械试验鉴定站、青岛农业大学、山东五征集团有限公司、临沭县东泰机械有限公司。

本标准主要起草人:宋继忠、孟凡记、尚书旗、崔传兵、侯庆松、王青华、夏永明、史正芳、李晓。

花生收获机械　质量评价技术规范

1　范围

本标准规定了花生收获机械的基本要求、质量要求、检测方法和检验规则。

本标准适用于花生挖掘机和花生联合收获机的质量评定。

2　规范性引用文件

下列文件对于本文件的应用是必不可少的。凡是注日期的引用文件，仅注日期的版本适用于本文件。凡是不注日期的引用文件，其最新版本（包括所有的修改单）适用于本文件。

GB/T 2828.11　计数抽样检验程序　第11部分：小总体声称质量水平的评定程序

GB/T 5262　农业机械试验条件　测定方法的一般规定

GB/T 5667　农业机械生产试验方法

GB/T 9480　农林拖拉机和机械、草坪和园艺动力机械　使用说明书编写规则

GB 10395.1　农林机械　安全　第1部分：总则

GB 10395.7　农林拖拉机和机械　安全技术要求　第7部分：联合收割机、饲料和棉花收获机

GB 10396　农林拖拉机和机械、草坪和园艺动力机械　安全标志和危险图形　总则

GB/T 13306　标牌

GB/T 14248—2008　收获机械　制动性能测定方法

GB 19997　谷物联合收割机　噪声限值

GB 23821　机械安全　防止上下肢触及危险区的安全距离

JB/T 5243　收获机械传动箱　清洁度测定方法

JB/T 6268　自走式收获机械　噪声测定方法

JB/T 7316　谷物联合收割机液压系统试验方法

JB/T 9832.2　农林拖拉机及机具　漆膜　附着性能测定方法　压切法

3　术语和定义

下列术语和定义适用于本文件。

3.1

花生挖掘机　peanut harvesters

作业时一次完成花生挖掘、抖土、铺放的收获机械。

3.2

花生联合收获机　peanut combine harvesters

作业时一次完成花生挖掘（或捡拾）、输送、摘果并将荚果与土、蔓分离且收集荚果的收获机械。

3.3

埋果　inter ground peanut

机械作业后埋在土层内的荚果。

3.4

地面落果　on ground peanut

机械作业后落在地面上的荚果。

3.5

破碎果 damage peanut

机械作业后,果壳破碎或裂损的荚果。

3.6

摘果损失 pack loss

经花生联合收获机作业后,花生蔓上未被摘下的荚果而造成的损失。

3.7

含土率 soil content

经花生挖掘机作业后,挖掘出的花生未被抖下土的质量占收获物总质量的百分比。

3.8

含杂率 sundries content

经花生联合收获机作业后,收获物中所含杂质(土、小石子、叶、蔓、果柄、杂草等)质量占其总质量的百分比。

3.9

自然落果 nature drop peanut

因果柄霉烂等原因而自然脱落的荚果。

4 基本要求

4.1 进行质量评价需收集的文件资料

——产品确认表;

——产品执行标准或产品制造验收技术条件;

——产品使用说明书;

——三包凭证;

——样机照片;

——必要的其他文件。

4.2 主要技术参数核对与测量

依据产品使用说明书、标牌和其他技术文件,对产品的主要技术参数按表1进行核对或测量。

表 1 产品确认表

序号	核测项目	单位	核测方法
1	型号	—	核对
2	结构型式	—	核对
3	外形尺寸(长×宽×高)	mm	测量
4	结构质量	kg	测量
5	配套发动机(或拖拉机)功率	kW	核对
6	发动机标定转速	r/min	核对
7	适用行(垄)距范围	mm	测量
8	工作行数	—	核对
9	工作幅宽	mm	测量
10	作业速度	km/h	测量
11	纯工作小时生产率	hm²/h	测量
12	挖掘深度调节范围	mm	测量
13	挖掘机构型式	—	核对
14	输送机构型式	—	核对
15	果土分离机构型式	—	核对

表 1（续）

序号	核测项目	单位	核测方法
16	摘果机构型式	—	核对
17	清选机构型式	—	核对
18	升运机构型式	—	核对
19	集果方式	—	核对
20	变速箱类型	—	核对
21	轮距(前/后)(或履带中心距)	mm	测量
22	轴距	mm	测量
23	轮胎规格(前/后)(或履带规格)	—	核对
24	限深机构型式	—	核对
25	最小离地间隙	mm	测量
26	最小通过半径	mm	测量

4.3 试验条件

4.3.1 花生收获机械作业性能试验应在产品使用说明书规定的工作速度下进行。土壤条件为沙壤土、土壤含水率在 8%～15%、作物成熟适宜等条件下作业。半喂入收获时作物自然高度应大于 300 mm、无倒伏。作物种植行距(或垄距)、株距、垄宽及作物产量应与使用说明书要求相适应。

4.3.2 试验用样机配套动力应符合产品使用说明书要求。

4.4 主要仪器设备

检验用主要仪器设备的测量范围和准确度要求不应低于表 2 的规定。试验用主要仪器设备应经过检定或校准合格。

表 2 主要仪器设备测量范围和准确度要求

序号	测量参数名称	测量范围	准确度
1	长度	(0～30)m	5 mm
2	质量	≥50 kg	0.1 kg
		(1～50)kg	0.05 kg
		≤1 000 g	0.5 g
3	时间	(0～24)h	0.5 s/d
4	温度	(0～100)℃	1℃
5	漆膜厚度	(0～200)μm	3%
6	噪声	(40～120)dB(A)	0.5 dB(A)
9	土壤坚实度	(0～5)MPa	0.05 MPa
10	制动减速度	(0～10)m/s²	2%

5 质量要求

5.1 性能指标

花生收获机械性能指标应符合表 3 的规定。

表 3 性能指标

序号	项目	单位	指标		对应的检测方法条款号
			花生联合收获机	花生挖掘机	
1	总损失率	—	≤3.5%	—	6.2.8
2	埋果损失率	—	—	≤2.0%	6.2.3
3	破碎率	—	≤2.0%	≤0.5%	6.2.5

表3（续）

序号	项目	单位	指 标		对应的检测方法条款号
			花生联合收获机	花生挖掘机	
4	含杂率	—	≤5.0%	—	6.2.9
5	含土率	—	—	≤20.0%	6.2.6
6	纯工作小时生产率	hm²/h	不低于最高设计值的80%		6.2.1

5.2 安全性

5.2.1 产品设计和结构应保证操作人员按制造厂规定的使用说明书操作和维护保养时没有危险。

5.2.2 外露运转件应设置防护装置。防护装置应有足够强度及刚度,保证在正常使用中不产生裂纹、撕裂或永久变形。防护装置应保证操作及相关人员在触及到产品时不受伤害,其安全距离应符合 GB 23821 的规定。

5.2.3 对操作及相关人员可能触及到的外露运转件等危险部位或对可能造成人身伤害但因功能需要而不能防护的危险运转件,应在其附近固定永久性安全标志。安全标志应符合 GB 10396 的规定。

5.2.4 使用说明书应规定安全注意事项和安全操作规程内容。

5.2.5 自走式花生收获机械至少应装作业照明灯 2 只,1 只照向挖掘前方,1 只照向卸粮区。最高行驶速度大于 10 km/h 的自走式花生收获机械还应装前照灯 2 只、前位灯 2 只、后位灯 2 只、前转向信号灯 2 只、后转向信号灯 2 只、倒车灯 2 只、制动灯 2 只。

5.2.6 自走式花生收获机械应安装行驶、倒车喇叭及 2 只后视镜,并备有灭火器。

5.2.7 带驾驶室的花生收获机械,其驾驶室挡风玻璃应采用安全玻璃。

5.2.8 自走式花生收获机械噪声应符合 GB 19997 的规定。

5.2.9 轮式自走收获机械以最高行驶速度制动时(最高行驶速度在 20 km/h 以上时,制动初速度为 20 km/h),制动距离不大于 6 m 或制动减速度不小于 2.94 m/s²。当制动减速度不大于 4.5 m²/s 时,后轮不应跳起。

5.2.10 自走式花生收获机械驻车制动器锁定手柄锁定驻车制动器踏板必须可靠,没有外力不能松脱,轮式自走联合收获机械能可靠地停在 20%(11°18′)的干硬纵向坡道上,履带式自走联合收获机械能可靠地停在 25%(14°3′)的干硬纵向坡道上。驻车制动控制力,对手操纵不应大于 400 N;对脚操纵不应大于 600 N。

5.2.11 其他安全要求应符合 GB 10395.1 和 GB 10395.7 的有关规定。

5.3 装配、外观、涂漆和主要零部件质量

5.3.1 所有零部件应经检验合格,外购件、外协件应经验收合格后方可进行装配。

5.3.2 整机装配后,零件的外露加工表面应涂防锈油、摩擦表面应涂润滑油。

5.3.3 同一平面传动带轮对称中心面位置度不应超过中心距基本尺寸的 0.3%,传动链轮对称中心面位置度不应超过中心距基本尺寸的 0.2%,且传动平稳。

5.3.4 挖掘铲沉头螺栓不应凸出工作表面,其允许下凹量不应大于 1 mm。

5.3.5 承受交变载荷的紧固螺栓强度等级不应低于 8.8 级,螺母不应低于 8 级。承受载荷的紧固件扭紧力矩应符合表 4 的规定。

表4 紧固件扭紧力矩

公称尺寸	扭紧力矩,N·m
M10	50±10
M12	90±18

表4（续）

公称尺寸	扭紧力矩，N·m
M16	225±45
M20	435±87

5.3.6 发动机、传动、输送、摘果、清选等机构应运转平稳，无异常声音。齿轮箱体、轴承座不应有严重的发热现象，其温升不应超过25℃。

5.3.7 液压系统、发动机和传动箱各结合面、油管接头以及油箱等处，静结合面应无渗漏；动结合面应无滴漏。

5.3.8 自走式联合收获机械应装有发动机机油压力、转速、水温、蓄电池充电电流等指示装置或监视装置，信号应可靠、响应及时。

5.3.9 运输间隙：牵引式不应小于110 mm，悬挂式和自走式不应小于200 mm。

5.3.10 整机外观应整洁，无锈蚀、碰伤等缺陷。油漆色泽均匀、平整光滑，无露底、起泡、起皱和流痕等。

5.3.11 漆膜厚度不应小于35 μm，漆膜附着力不应低于JB/T 9832.2规定的Ⅱ级。

5.3.12 挖掘机构

5.3.12.1 挖掘机构静置30 min后，静沉降量不应大于10 mm。

5.3.12.2 升降锁定装置锁定后，在运输状态下，挖掘机构不应沉降。

5.3.12.3 挖掘铲离地间隙应一致，其两端间隙差的绝对值不应大于幅宽的1%。

5.3.12.4 挖掘铲刃部工作表面热处理硬度45 HRC～55 HRC。

5.3.13 输送机构

夹持输送链条应灵活、无卡阻。输送部件应保证作物整齐、流畅地输送，交接过渡处应可靠，不应发生作物脱落、卡阻现象。

5.3.14 摘果机构

5.3.14.1 摘果机构设置应便于调整。

5.3.14.2 摘果（辊）滚筒应进行动平衡，其不平衡量不应大于G6.3级。

5.3.14.3 风扇、带轮应进行静平衡，其不平衡量不应大于$1×10^{-2}$ N·m。

5.3.15 行走部分

5.3.15.1 变速箱、传动箱不得有异常声响、脱挡及乱挡现象。

5.3.15.2 履带自走式花生收获机械左右履带与机器纵向轴线应保证平行，驱动轮与履带导轨不应有顶齿及脱轨现象。

5.3.15.3 传动箱清洁度不应大于15 mg/kW。

5.3.16 发动机

5.3.16.1 配套发动机应保证收获机正常作业；怠速和最高空转转速下，运转应平稳，无异响，熄火应彻底可靠；在正常工作负荷下，排气烟色应正常。

5.3.16.2 起动应顺利平稳，在气温0℃～35℃下，每次起动时间应不大于30 s。

5.3.17 液压系统

5.3.17.1 液压操纵系统应轻松灵活、可靠，无卡阻现象。

5.3.17.2 供油系统管路连接应正确，油管不应被扭转、压扁和破损。机器运转时不应有明显的振动现象。

5.3.17.3 各油管和接头应在1.5倍的使用压力下作耐压试验，保持压力2 min，管路不应有漏油现象。

5.3.18 电气系统

5.3.18.1 电气装置及线路连接应正确、接头应可靠,不应因振动而松脱,不应发生短路或断路。

5.3.18.2 开关、按钮应操作方便,工作可靠,不应因振动而自行接通或关闭。

5.3.18.3 照明和信号装置任何一条线路出现故障时,不应干扰其他线路的正常工作。

5.3.18.4 电线应捆扎成束、布置整齐、固定卡紧、接头牢固并有绝缘套,在导线穿越孔洞时应装设绝缘套管。

5.4 操作方便性

5.4.1 各操纵机构应灵活、有效;各张紧、调节机构应可靠,调整方便。

5.4.2 各离合器结合应平稳、可靠,分离完全彻底。

5.4.3 自走式收获机械换挡灵活、可靠,无卡滞现象。

5.4.4 保养点的设置应便于操作,保养点数应合理。

5.4.5 换装易损件应方便。

5.4.6 自走式收获机械的结构能保证由驾驶员一人操纵,驾驶方便舒适。

5.5 可靠性

使用有效度应不小于93%。

5.6 使用说明书

花生收获机械应有产品使用说明书,使用说明书的内容应符合GB/T 9480的规定。

5.7 三包凭证

花生收获机械应有三包凭证,并应包括以下内容:

   a) 产品品牌(如有)、型号规格、购买日期、产品编号;
   b) 生产者名称、联系地址、电话;
   c) 已经指定销售者和修理者的,应有销售者和修理者的名称、联系地址、电话、三包项目;
   d) 整机三包有效期(不应少于1年);
   e) 主要零部件名称和质量保证期(不应少于1年);
   f) 易损件及其他零部件质量保证期;
   g) 销售记录(包括销售者、销售地点、销售日期、购机发票号码);
   h) 修理记录(包括送修时间、交货时间、送修故障、修理情况、换退货证明);
   i) 不承担三包责任的情况说明。

5.8 标牌

花生收获机械应有标牌,且应固定在明显位置,标牌应符合GB/T 13306的规定,至少包括以下内容:

   a) 产品型号及名称;
   b) 配套动力;
   c) 整机质量;
   d) 纯工作小时生产率;
   e) 制造单位名称;
   f) 生产日期和出厂编号;
   g) 执行标准。

6 检测方法

6.1 试验条件

6.1.1 试验样机应符合制造厂提供的使用说明书要求,质量合格,技术状态良好。

6.1.2 按 GB/T 5262—2008 中有关规定测定作物自然高度、株距、行距、垄宽、垄高、蔓果比、土壤绝对含水率、土壤坚实度、蔓叶含水率。荚果含水率及荚果产量分别按照 GB/T 5262 中 9.13 及 9.8 的规定测定。结果范围(深×直径)按 GB/T 5262 规定的五点法确定测点位,每点测取 3 穴。

6.1.3 性能试验测区长度不小于 20 m。

6.1.4 按说明书明示,选择适宜挡次进行,测定 3 个行程。每行程在测区内随机取 3 个小区作为作业性能指标测定区,每个小区长度为 3 m,宽度为机器作业幅宽。检测结果取 3 个行程的平均值。

6.2 性能试验

6.2.1 纯工作小时生产率

    a) 作业速度按式(1)计算。

$$V = 3.6 \times \frac{L}{t} \quad\text{......}\quad (1)$$

式中:

V——机器前进速度,单位为千米每小时(km/h);

L——测区长度,单位为米(m);

t——通过测定区的时间,单位为秒(s)。

    b) 纯工作小时生产率按式(2)计算。

$$E = 0.1 \times V \times B \quad\text{......}\quad (2)$$

式中:

E——纯工作小时生产率,单位为公顷每小时(hm²/h);

B——机器作业幅宽,单位为米(m)。

6.2.2 地面落果率

    在小区内,捡起地面上所有的荚果(疵果不计,下同),从中挑出自然落果后,称其质量,按式(3)、式(4)、式(5)计算。

$$S_L = \frac{W_L}{W_Q} \times 100 \quad\text{......}\quad (3)$$

花生联合收获机:
$$W_Q = W_L + W_Z + W_M + W_{QX} + W_D \quad\text{......}\quad (4)$$

$$W_{QX} = \frac{W_X}{L} \times L_Q \quad\text{......}\quad (5)$$

式中:

S_L ——地面落果率,单位为百分率(%);

W_Q ——小区内荚果总质量,单位为克(g);

W_L ——小区内地面上荚果质量(不含自然落果),单位为克(g);

W_Z ——小区内蔓上未被摘下的荚果质量,单位为克(g);

W_M ——小区内埋在土层中的荚果质量(不含自然落果),单位为克(g);

W_D ——小区内自然脱落的荚果质量,单位为克(g);

W_{QX} ——小区内收集到果箱中荚果质量,单位为克(g);

W_X ——测区内收集到果箱中荚果质量,单位为克(g);

L_Q ——小区长度,单位为米(m)。

6.2.3 埋果损失率

    在小区内,找出埋在土层中的全部荚果,从中挑出自然落果后,称其质量,按式(6)计算。

$$S_M = \frac{W_M}{W_Q} \times 100 \quad\text{......}\quad (6)$$

式中：

S_M——埋果损失率，单位为百分率（%）。

6.2.4 自然落果率

在小区内，从地面落果和埋果中分出因果柄霉烂等原因而自然脱落的荚果，称其质量，按式（7）计算。

$$S_D = \frac{W_D}{W_Q} \times 100 \quad\text{……………………………………………（7）}$$

式中：

S_D——自然掉果率，单位为百分率（%）。

6.2.5 破碎率

花生联合收获机：在测区内的所有荚果中找出果壳破碎或裂损的荚果，称其质量，按式（8）、式（9）计算。

$$S_P = \frac{W_P}{W} \times 100 \quad\text{………………………………………………（8）}$$

$$W = \frac{W_Q \times L}{L_Q} \times 100 \quad\text{……………………………………………（9）}$$

式中：

S_P——破碎率，单位为百分率（%）；

W_P——测区内破碎的荚果质量，单位为克（g）；

W——测区内荚果总质量，单位为克（g）。

花生挖掘机：在小区内，找出所有荚果中果壳破碎或裂损的荚果，称其质量，按式（10）计算。

$$S_P = \frac{W_{QP}}{W_Q} \times 100 \quad\text{………………………………………………（10）}$$

式中：

S_P——破碎率，单位为百分率（%）；

W_{QP}——小区内破碎或裂损的荚果质量，单位为克（g）。

6.2.6 含土率

花生挖掘机：将小区内挖掘后的花生蔓提起，不应抖动，秤其总质量，然后进行清理，将土分离，称其含土质量，按式（11）计算。

$$S_T = \frac{W_T}{W_{Qz}} \times 100 \quad\text{……………………………………………（11）}$$

式中：

S_T——含土率，单位为百分率（%）；

W_T——小区内花生蔓中含土质量，单位为克（g）；

W_{Qz}——小区内花生蔓未清理前总质量，单位为克（g）。

6.2.7 摘果损失率

花生联合收获机：收集小区内的花生蔓，将蔓上未被摘下的荚果摘下称其质量（蔓中夹带的荚果计入地面落果），按式（12）计算。

$$S_Z = \frac{W_Z}{W_Q} \times 100 \quad\text{………………………………………………（12）}$$

式中：

S_Z——摘果损失率，单位为百分率（%）；

W_Z——小区内蔓上未被摘下的荚果质量，单位为克（g）。

6.2.8 总损失率

花生联合收获机:总损失率按式(13)计算。

$$S = S_Z + S_L + S_M \quad\cdots\cdots\cdots\cdots\cdots\cdots\cdots\cdots\cdots\cdots\cdots\cdots\cdots\cdots\cdots\cdots\cdots\cdots\quad (13)$$

式中:

S——总损失率,单位为百分率(%)。

6.2.9 含杂率

花生联合收获机:在荚果排除口接取测区内的所有排出物,从中挑出所含杂质(土、小石子、叶、蔓、果柄、杂草等杂物),称其质量,按式(14)计算。

$$Z = \frac{W_{ZZ}}{W_X + W_{ZZ}} \times 100 \quad\cdots\cdots\cdots\cdots\cdots\cdots\cdots\cdots\cdots\cdots\cdots\cdots\cdots\cdots\cdots\quad (14)$$

式中:

Z　——含杂率,单位为百分率(%);

W_{ZZ}——荚果排除口接取的测区所有排出物中所含杂质质量,单位为克(g)。

6.2.10 噪声

按 JB/T 6268 的规定进行。

6.2.11 行车制动

按 GB/T 14248—2008 第 5 章的规定进行。

6.2.12 驻车制动

按 GB/T 14248—2008 第 6 章的规定进行。

6.3 安全性检查

按 5.2 逐项检查。

6.4 装配、外观、涂漆和主要零部件质量

6.4.1 链轮对称中心面位置度

测定同一传动回路带(链)轮对称中心面位置度。测定时,以其中一个带(链)轮的中心平面为基准,检测另一个传动带(链)轮的中心平面相对基准平面的位置度,计算位置度相对于带(链)轮中心距的百分比。

6.4.2 挖掘铲沉头螺栓

观察沉头螺栓是否凸出或凹陷挖掘铲工作表面,凹凸量用卡尺测定。

6.4.3 紧固件

紧固件强度等级目测螺栓、螺母上的等级标识,拧紧力矩用扭力扳手测定。

6.4.4 空运转

在额定转速下空运转 30 min,按 5.3.6、5.3.7、5.3.8 逐项检查。空运转结束后用测温仪测定轴承座外壳温升。

6.4.5 运输间隙

在水平地面上,测量运输状态时样机最低点至地面的距离。

6.4.6 整机外观

6.4.6.1 外观质量按 5.3.10 的要求检查。

6.4.6.2 漆膜厚度

在影响外观的主要覆盖件上分 3 组测量,每组测 5 点,计算平均值。

6.4.6.3 漆膜附着力

在影响外观的主要覆盖件上确定 3 个测量点位,方法按 JB/T 9832.2 进行。

6.4.7 挖掘机构

6.4.7.1 挖掘机构静沉降

液压系统运行 15 min 后，将挖掘铲升到最高位置，测量挖掘铲离地高度，静止 30 min 后，再次测量挖掘铲离地高度，其前后差值为液压系统挖掘铲静沉降。

6.4.7.2 升降锁定装置

按 5.3.12.2 的要求检查。

6.4.7.3 挖掘铲离地间隙差

用尺子测定各挖掘铲最低端离地距离，取最高与最低之差为间隙差。

6.4.7.4 挖掘铲刃口工作面硬度

淬火区内检测 3 点，3 点均应合格，如其中 2 点合格，1 点不合格时，则在该点两侧各补测 1 点，补测的 2 点均应合格。

6.4.8 输送机构

按 5.3.13 的要求检查。

6.4.9 摘果机构

6.4.9.1 按 5.3.14 的要求检查。

6.4.9.2 摘果(辊)滚筒动平衡

动平衡试验时，读取两个校准面不平衡量的最大值，按不大于 1/2 许用不平衡量进行判定。

6.4.9.3 风扇、带轮静平衡

风扇、铸造的无级变速带轮或带盘、转速超过 400 r/min 或重量大于 5 kg 的带轮应进行静平衡。

6.4.10 行走部分

按 5.3.15 的要求检查。传动箱清洁度按 JB/T 5243 规定方法测定。

6.4.11 发动机

按 5.3.16 的要求检查。起动试验测定 3 次，分别记录起动成功的次数和从起动开始到起动成功的时间。每两次起动之间至少要间隔 2 min。

6.4.12 液压系统

试验依据 JB/T 7316 的要求，按 5.3.17 的要求逐项检查。

6.4.13 电气系统

按 5.3.18 的要求逐项检查。

6.5 操作方便性

按 5.4 的要求逐项检查。

6.6 可靠性

可靠性试验样机不少于 2 台，每台纯工作时间不少于 60 h。按 GB/T 5667 的相关规定进行，时间精确为 0.1 小时，按式(15)计算使用有效度。

$$K = \frac{\sum t_z}{\sum t_g + \sum t_z} \times 100 \cdots\cdots\cdots\cdots\cdots\cdots\cdots\cdots (15)$$

式中：

K——使用有效度，单位为百分率（%）；

t_g——2 台机具在使用可靠性考核期间每班次的故障时间，单位为小时(h)；

t_z——2 台机具在使用可靠性考核期间每班次的作业时间，单位为小时(h)。

6.7 使用说明书

按 5.6 的要求逐项检查。

6.8 三包凭证

按 5.7 的要求逐项检查。

6.9 标牌

按 5.8 的要求逐项检查。

7 检验规则

7.1 不合格分类

产品的质量要求不符合第 5 章规定的称为不合格,不合格按质量要求不符合的严重程度分为 A、B、C 类。不合格分类见表 5。

表 5 检验项目及不合格分类表

不合格分类		检验项目	对应的质量要求的条款号	
类别	序号		花生联合收获机	花生挖掘机
A	1	安全要求	5.2.1～5.2.8、5.2.11	5.2.1～5.2.8、5.2.11
	2	总(埋果)损失率	5.1	5.1
	3	行车制动	5.2.9	5.2.9
	4	驻车制动	5.2.10	5.2.10
	5	噪声	5.2.8	5.2.8
	6	使用有效度	5.5	5.5
B	1	破碎率	5.1	5.1
	2	含杂率	5.1	—
	3	含土率	—	5.1
	4	纯工作小时生产率	5.1	5.1
	5	挖掘机构	5.3.12	5.3.12
	6	摘果机构	5.3.14	—
	7	发动机	5.3.16	5.3.16
	8	液压系统	5.3.17	5.3.17
	9	电气系统	5.3.18	5.3.18
C	1	装配质量	5.3.1～5.3.8	5.3.1～5.3.8
	2	行走部分	5.3.15	5.3.15
	3	输送机构	5.3.13	5.3.13
	4	操作方便性	5.4	5.4
	5	整机外观	5.3.10	5.3.10
	6	漆膜厚度	5.3.11	5.3.11
	7	漆膜附着力	5.3.11	5.3.11
	8	使用说明书	5.6	5.6
	9	三包凭证	5.7	5.7
	10	标牌	5.8	5.8
	11	运输间隙	5.3.9	5.3.9

7.2 抽样方案

按 GB/T 2828.11 的规定,在生产企业近 6 个月内生产的合格产品中随机抽取,样本基数花生挖掘机不少于 10 台,花生联合收获机不少于 5 台,抽取 2 台。在市场或使用现场抽样时样本基数不受此限。

7.3 评定规则

采用逐项考核、按类判定的原则,当各类不合格项次数均不大于不合格品限定数时,则判定该产品为合格;否则判该产品为不合格。抽样判定方案见表 6。试验期间,因产品质量原因造成故障,致使试验不能正常进行,则判定该产品不合格。

表6 抽样判定方案

不合格分类		A	B	C
极限质量比 LQR 水平		O	I	Ⅱ
不合格品百分数 DQL		2.5	6.5	10.0
样本量 n		2	2	2
项次数	花生联合收获机	6	8	11
	花生挖掘机	6	7	11
不合格品限定数 L		0	1	2

ICS 65.040.30
B 91

中华人民共和国农业行业标准

NY/T 2205—2012

大棚卷帘机 质量评价技术规范

Technical specifications of quality evaluation for greenhouse rolling machine

2012-12-07 发布

2013-03-01 实施

中华人民共和国农业部 发布

目　次

前言

1　范围

2　规范性引用文件

3　基本要求

　　3.1　进行质量评价需收集的文件资料

　　3.2　主要技术参数核对与测量

　　3.3　试验条件

　　3.4　主要仪器设备

4　质量要求

　　4.1　性能指标

　　4.2　安全性

　　4.3　装配、外观、涂漆和主要零部件质量

　　4.4　操作方便性

　　4.5　可靠性

　　4.6　使用说明书

　　4.7　三包凭证

　　4.8　标牌

5　检测方法

　　5.1　试验样机

　　5.2　性能试验

　　5.3　安全性检查

　　5.4　卷轴强度

　　5.5　减速箱密封性

　　5.6　运转平稳性

　　5.7　防水措施

　　5.8　焊接质量

　　5.9　外观质量

　　5.10　涂漆厚度

　　5.11　漆膜附着力

　　5.12　操作方便性

　　5.13　可靠性

　　5.14　使用信息检查

6　检验规则

　　6.1　不合格分类

　　6.2　抽样方案

　　6.3　评定规则

前　言

本标准按照 GB/T 1.1 给出的规则起草。

本标准由农业部农业机械化管理司提出。

本标准由全国农业机械标准化技术委员会农业机械化分技术委员会(SAC/TC 201/SC 2)归口。

本标准起草单位:北京市农业机械试验鉴定推广站、辽宁省农机质量监督管理站。

本标准主要起草人:孙贵芹、程云涌、刘旺、秦永辉、张京开、王荣雪、李志强、杨丽华。

大棚卷帘机　质量评价技术规范

1　范围

本标准规定了大棚卷帘机的基本要求、质量要求、检测方法和检验规则。

本标准适用于前置中卷式和侧卷式大棚卷帘机的质量评定。其他型式卷帘机可参照执行。

2　规范性引用文件

下列文件对于本文件的应用是必不可少的。凡是注日期的引用文件,仅注日期的版本适用于本文件。凡是不注日期的引用文件,其最新版本(包括所有的修改单)适用于本文件。

GB/T 2828.11　计数抽样检验程序　第11部分:小总体声称质量水平的评定程序

GB/T 3098.1　紧固件机械性能　螺栓、螺钉和螺柱

GB/T 3098.2　紧固件机械性能　螺母　粗牙

GB/T 9480　农林拖拉机和机械、草坪和园艺动力机械　使用说明书编写规则

GB 10396　农林拖拉机和机械、草坪和园艺动力机械　安全标志和危险图形　总则

GB/T 13306　标牌

JB/T 5673　农林拖拉机及机具涂漆通用条件

JB/T 9832.2　农林拖拉机及机具　漆膜附着性能测定方法　压切法

3　基本要求

3.1　进行质量评价需收集的文件资料

3.1.1　产品规格确认表。

3.1.2　产品执行标准或产品制造验收技术条件。

3.1.3　产品使用说明书。

3.1.4　三包凭证。

3.1.5　样机照片。

3.1.6　必要的其他文件。

3.2　主要技术参数核对与测量

依据产品使用说明书、铭牌和其他技术文件,对产品的主要技术参数按表1进行核对或测量。

表1　产品规格确认表

序号	项　目	计量单位	方法
1	型号名称	—	核对
2	结构型式	—	核对
3	自锁方式	—	核对
4	电机功率	kW	核对
5	电机转速	r/min	测量
6	传动机构型式	—	核对
7	输出轴转速	r/min	测量
8	额定输出扭矩	N·m	测量
9	最大卷轴长度	m	测量

表 1（续）

序号	项　目	计量单位	方法
10	结构质量（电机、减速机）	kg	测量
11	减速箱外形尺寸（长×宽×高）	mm	测量

3.3　试验条件

3.3.1　试验用样机配套动力应与使用说明书要求一致。

3.3.2　试验电压应在额定电压±7%范围内。

3.4　主要仪器设备

试验用主要仪器设备应经过检定或校准且在有效期内。检验用主要仪器设备的测量范围和准确度要求应不低于表 2 的规定。

表 2　主要仪器设备测量范围和准确度要求

序号	测量参数名称	测量范围	准确度
1	长度	（0～10）m	0.5%
2	时间	（0～12）h	0.5 s/d
3	转速	（0～3 000）r/min	0.5%
4	力矩	（0～10 000）N·m	1%
5	电功率	（0～10）kW	0.5%

4　质量要求

4.1　性能指标

大棚卷帘机性能指标应符合表 3 的规定。

表 3　性能指标

序号	项目	质量指标	对应的检测方法条款号
1	卷帘时间	跨度 8 m 以下（含）3 min～8 min 跨度 8 m 以上 5 min～12 min	5.2.1
2	放帘时间	跨度 8 m 以下（含）3 min～8 min 跨度 8 m 以上 5 min～12 min	5.2.2
3	电机负荷程度	≤100%	5.2.3
4	额定输出扭矩	达到产品明示值	5.2.4

4.2　安全性

4.2.1　外露回转件应有安全防护罩。

4.2.2　对操作人员有危险部位应有安全标志，安全标志应符合 GB 10396 的规定。

4.2.3　卷帘机带电部分与外露金属表面之间的绝缘电阻应不小于 40 MΩ。

4.2.4　减速箱、卷轴法兰等重要部位紧固螺栓的机械性能应不低于 GB/T 3098.1 中的 8.8 级，螺母不低于 GB/T 3098.2 中的 8 级。

4.2.5　卷帘机正反转均应具备自锁功能，停机时不能自行滑落。

4.2.6　用电设备应有接地装置，应设有漏电、过载保护装置。

4.2.7　应有措施防止电缆擦伤，应有导向装置保证不引起电缆扭折，防止电缆产生应力。

4.2.8　卷帘机应配备行程控制装置，行程控制装置应准确可靠。

4.3　装配、外观、涂漆和主要零部件质量

装配、外观、涂漆和主要零部件质量应符合表4的规定。

表4 装配、外观、涂漆质量和主要零部件质量

序号	项目	质量指标	对应的检测方法条款号
1	卷轴强度	在可靠性试验后,卷轴不应出现扭曲变形或断裂等现象	5.4
2	减速箱密封性	运转过程中不得有渗漏油现象	5.5
3	运转平稳性	正常工作状态下,卷帘机转速应无明显时高时低现象,应无异常的响声	5.6
5	防水措施	电机及控制箱应有防水装置,防水装置应有足够的能力防止外界固体物和液体的侵入	5.7
6	焊接质量	焊接件的焊缝应牢固、连续均匀,不得有裂纹、夹渣、未焊透、漏焊及烧穿等缺陷	5.8
7	涂漆与外观质量	应符合 JB/T 5673 的规定,其表面应色泽均匀,平整光滑,无露底、起泡、起皱等缺陷,漆膜厚度应不低于 $45\ \mu m$,漆膜附着力应不低于 II 级	5.9 5.10

4.4 操作方便性

4.4.1 安装要有明确的尺寸位置说明。

4.4.2 调整、更换零部件应方便。

4.4.3 操纵装置位置应便于操作和观察卷放帘状态,卷、放帘标记应清晰。

4.4.4 保养部位应设置合理,便于操作。

4.5 可靠性

大棚卷帘机首次故障前卷帘和放帘次数各不少于90次。

4.6 使用说明书

卷帘机应有使用说明书,使用说明书内容应符合 GB/T 9480 的规定。

4.7 三包凭证

4.7.1 应有产品"三包"凭证,并应包括以下内容:

　　a) 产品品牌(如有)、型号规格、购买日期、产品编号;

　　b) 生产者名称、联系地址、电话;

　　c) 已经指定销售者和修理者的,应有销售者和修理者的名称、联系地址、电话、三包项目;

　　d) 整机三包有效期;

　　e) 主要零部件名称和质量保证期;

　　f) 易损件及其他零部件质量保证期;

　　g) 销售记录(包括销售者、销售地点、销售日期、购机发票号码);

　　h) 修理记录(包括送修时间、交货时间、送修故障、修理情况、换退货证明);

　　i) 不承担三包责任的情况说明。

4.7.2 整机三包有效期不应少于1年,主要零部件质量保证期不应少于1年。

4.8 标牌

4.8.1 卷帘机应有标牌,且应固定在明显位置。

4.8.2 标牌应符合 GB/T 13306 的规定,至少包括以下内容:

　　a) 产品型号及名称;

　　b) 配套动力;

　　c) 最大卷轴长度;

　　d) 卷轴转速;

e)　结构质量(电机、减速机)；

f)　制造单位名称；

g)　生产日期和出厂编号；

h)　执行标准。

5　检测方法

5.1　试验样机

5.1.1　试验样机应符合制造厂提供的使用说明书要求,质量合格,技术状态良好。

5.1.2　试验样机应安装在适用的温室上,保温覆盖物单位质量≤3.5 kg/m²。

5.2　性能试验

5.2.1　卷帘时间

测量从卷帘开始到结束所用的时间。测量3次,计算平均卷帘时间。

5.2.2　放帘时间

测量从放帘开始到结束所用的时间。测量3次,计算平均放帘时间。

5.2.3　电机负荷程度

用电功率仪测量在卷帘状态下的平均输入功率,按式(1)计算负荷程度。测量3次,结果取平均值。

$$\eta_f = \frac{N_f}{N_e} \times \eta \times 100 \qquad\qquad\qquad (1)$$

式中：

η_f——负荷程度,单位为百分率(%)；

N_f——电机平均输入功率,单位为千瓦(kW)；

N_e——电机额定功率,单位为千瓦(kW)；

η——电机效率,单位为百分率(%)。

5.2.4　额定输出扭矩

在扭矩试验台上测量卷帘机的额定输出扭矩。卷帘机安装在扭矩试验台上,连接牢固后启动卷帘机,并逐渐增加卷帘机负荷,使其功率消耗达到配套电机额定功率,测量此时卷帘机产生的扭矩。测量3次,结果取平均值。

5.3　安全性检查

按4.2的要求逐项检查。

自锁功能检查方法:启动卷帘机,分别在卷、放行程20%、50%、90%的情况下,查看突然失去动力时自锁功能是否有效可靠。正反转各测3次,每次都应可靠锁定。

行程控制装置检查方法:在可靠性试验中,观察记录卷帘机行程控制装置是否控制准确可靠。

5.4　卷轴强度

在可靠性试验后,观察卷轴是否有明显的扭曲变形或断裂等现象。

5.5　减速箱密封性

试验过程中,观察减速箱是否有渗漏油现象。

5.6　运转平稳性

正常工作状态下,观察卷帘机转速是否有明显时高时低现象,有无异常响声。

5.7　防水措施

目测检查电机及控制箱应有防止雨水侵入的装置。

5.8　焊接质量

目测焊缝质量,应牢固、连续均匀,不得有裂纹、夹渣、未焊透、漏焊及烧穿等缺陷。

5.9 外观质量

目测外观应色泽均匀、平整光滑、无露底、起泡、起皱等缺陷。

5.10 涂漆厚度

用涂层测厚仪检查涂层厚度,测 3 点,结果取平均值。

5.11 漆膜附着力

按 JB/T 9832.2 规定的方法检查 3 处,均应不低于 Ⅱ 级。

5.12 操作方便性

按 4.4 的要求逐项进行检查。

5.13 可靠性

在使用说明书规定的最大卷轴长度下,卷帘机正常使用,连续卷和放到极限位置,记录首次故障前的卷帘和放帘次数。

5.14 使用信息检查

5.14.1 审查使用说明书是否符合 4.6 的要求。

5.14.2 审查三包凭证是否符合 4.7 的要求。

5.14.3 检查产品标牌是否符合 4.8 的要求。

6 检验规则

6.1 不合格分类

产品的质量要求不符合本标准第 4 章规定的称为不合格,不合格按质量要求不符合的严重程度分为 A、B 类不合格。不合格分类见表 5。

表 5 检验项目及不合格分类表

不合格分类		检验项目	对应条款
类别	序号		
A	1	安全防护	4.2.1、4.2.6、4.2.7
	2	安全标志	4.2.2
	3	绝缘电阻	4.2.3
	4	主要紧固件强度等级	4.2.4
	5	自锁功能	4.2.5
	6	行程控制装置	4.2.8
B	1	卷帘时间	4.1
	2	额定输出扭矩	4.1
	3	卷轴强度	4.3
	4	防水措施	4.3
	5	可靠性	4.5
	6	使用说明书	4.6
	7	三包凭证	4.7
	8	放帘时间	4.1
	9	电机负荷程度	4.1
	10	减速箱密封性	4.3
	11	运转平稳性	4.3
	12	焊接质量	4.3
	13	涂漆与外观质量	4.3
	14	操作方便性	4.4
	15	标牌	4.8

6.2 抽样方案

按 GB/T 2828.11 的规定,在生产厂近 6 个月内生产的合格产品中随机抽取,样本基数不少于 10 台,抽取 2 台。在市场或使用现场抽样可不受此限。抽样判定方案见表 6。

6.3 评定规则

对各样本的各类项目进行逐一检验和判定。当 A 类不合格数为 0,B 类不合格数小于或等于 1,判定该产品质量合格;否则判为不合格。试验期间,因产品质量原因造成故障,致使试验不能正常进行,则判定该产品不合格。

表 6 抽样判定方案

检验类别	A	B
检验水平	0	1
声称质量水平(DQL)	1	3
核查总体(N)	10	
样本量(n)	2	
不合格品限定数(L)	0	1

ICS 65.060.99
B 93

中华人民共和国农业行业标准

NY/T 2206—2012

液压榨油机 质量评价技术规范

Technical specifications of quality evaluation for hydraulic oil press

2012-12-07 发布

2013-03-01 实施

中华人民共和国农业部 发布

前　言

本标准按照 GB/T 1.1 给出的规则起草。

本标准由农业部农业机械化管理司提出。

本标准由全国农业机械标准化技术委员会农业机械化分技术委员会(SAC/TC 201/SC 2)归口。

本标准起草单位:辽宁省农机质量监督管理站、山东省农业机械科学研究所、阜阳市飞弘机械有限公司。

本标准主要起草人:孙本珠、王永建、温杰、丁宁、白阳、吴义龙、王玉华。

液压榨油机　质量评价技术规范

1　范围

本标准规定了液压榨油机的基本要求、质量要求、检测方法和检验规则。

本标准适用于液压系统公称压力不大于 100 MPa 的液压榨油机(以下简称榨油机)的质量评定。

2　规范性引用文件

下列文件对于本文件的应用是必不可少的。凡是注日期的引用文件,仅注日期的版本适用于本文件。凡是不注日期的引用文件,其最新版本(包括所有的修改单)适用于本文件。

GB 1352—2009　大豆

GB/T 1532—2008　花生

GB/T 2828.11—2008　计数抽样检验程序　第 11 部分:小总体声称质量水平的评定程序

GB/T 5491　粮食、油料检验　扦样、分样法

GB/T 5494　粮油检验　粮食、油料的杂质、不完善粒检验

GB/T 5497　粮食、油料检验　水分测定法

GB/T 5512　粮油检验　粮油中粗脂肪含量测定

GB/T 5528　植物油脂　水分及挥发物含量测定法

GB/T 5529　植物油脂检验　杂质测定法

GB/T 5667　农业机械生产试验方法

GB/T 9480　农林拖拉机和机械、草坪和园艺动力机械　使用说明书编写规则

GB 10396　农林拖拉机和机械、草坪和园艺动力机械　安全标志和危险图形　总则

GB/T 11761—2006　芝麻

GB/T 11762—2006　油菜籽

GB/T 11763—2008　棉籽

GB/T 22725　粮油检验　粮食、油料纯粮(质)率检验

GB 23821　机械安全　防止上下肢触及危险区的安全距离

GB/T 25732—2010　粮油机械　液压榨油机

JB/T 9832.2—1999　农林拖拉机及机具　漆膜附着性能测定方法　压切法

3　术语和定义

下列术语和定义适用于本文件。

3.1

系统工作压力　system working pressure

榨油机压榨某一油料时,其液压系统的额定工作压力。

4　基本要求

4.1　质量评价所需的文件资料

对榨油机进行质量评价所需要提供文件资料应包括:

a)　产品规格确认表(见附录 A),并加盖企业公章;

b)　企业产品执行标准或产品制造验收技术条件;

c) 产品使用说明书；

d) 三包凭证；

e) 样机照片(应能充分反映样机特征)。

4.2 主要技术参数核对与测量

依据产品使用说明书、标牌和其他技术文件,对样机的主要技术参数按表1进行核对或测量。

表1 核测项目与方法

序 号	项 目	方法
1	规格型号	核对
2	动力形式	核对
3	最大系统工作压力,MPa	核对
4	液压系统公称压力,MPa	核对
5	每榨公称容量,kg	核对
6	整机外形尺寸(长×宽×高),mm	测量
7	整机质量,kg	测量
8	配套功率,kW	核对
9	主油缸活塞直径,mm	测量
10	主油缸活塞最大行程,mm	测量
11	饼圈内径,mm	测量

4.3 试验条件

4.3.1 试验场地、样机安装、试验用工具和器具应满足各项指标的测定要求,配备熟练操作人员,并按使用说明书规定的榨油工艺要求安装必要的辅助设备。

4.3.2 试验可采用电动或手动加压。采用电动加压时,电动机应符合使用说明书规定,试验电压应符合额定工作电压,偏差不超过±5%,试验时电机负荷不应超过标定功率的110%。

4.3.3 试验样机应按使用说明书规定进行调整和维护保养,达到正常工作状态后方可进行测试。

4.3.4 试验环境的温度不应低于20℃。

4.3.5 试验用的液压油应符合使用说明书规定。

4.3.6 试验用物料为花生仁、油菜籽、大豆、棉籽或芝麻中的任一种,并符合表2规定。

表2 物料质量要求

物料品种	等 级	水分,%	杂质,%
花生仁	不低于 GB/T 1532—2008 中表2规定的3等	≤9.0	≤1.0
油菜籽	不低于 GB/T 11762—2006 中表1规定的3等	≤8.0	≤3.0
大豆	GB 1352—2009 中表1规定的3等	≤13.0	≤1.0
棉籽	GB/T 11763—2008 中表1规定的3等	≤12.0	≤2.0
芝麻	GB/T 11761—2006 中表 A.1 规定的3等	≤12.0	≤2.0

4.4 主要仪器设备

试验用仪器设备的测量范围和准确度要求应不低于表3规定,且应检定或校验合格,并在有效期内。

表3 主要试验用仪器设备测量范围和准确度要求

序号	测量参数名称		测量范围	准确度要求
1	耗电量		0 kW·h～99 kW·h	1.0 级
2	质量	物料、过滤后油脂	0 kg～100 kg	50 g
		物料杂质、纯质率、完整粒率	0 g～2 000 g	0.01 g
		其他样品	0 g～200 g	0.000 1 g

表 3（续）

序号	测量参数名称	测量范围	准确度要求
3	时间	0 h～24 h	0.5 s/d
4	温度	0℃～200℃	1%

5 质量要求

5.1 性能要求及检验方法

榨油机性能指标及油品检验方法应符合表4规定。

表 4 性能指标及油品质量要求

序号	项目		性能指标					检测方法
			花生仁	油菜籽	大豆	芝麻	棉籽	
1	干饼残油率，%		≤9.0	≤8.5	≤8.0	≤8.0	≤7.5	6.1.5
2	出油效率，%		≥91	≥85	≥68	≥77	≥76	6.1.3
3	吨料电耗，kW·h/t		≤4.5	≤4.5	≤6.0	≤18.0	≤5.5	6.1.4
4	吨压力小时生产率，kg/(h·t)		≥0.50	≥0.50	≥0.40	≥0.25	≥0.45	6.1.2
5	油品质量	杂质，%	≤0.2					6.1.6
6		水分及挥发物，%	≤0.2					

注：油品质量化验在油样沉淀24 h后进行。

5.2 安全性

5.2.1 与试验物料、油脂直接接触的零部件材料应对人体无害，不应对试验物料、油脂造成污染。

5.2.2 外露运转件应有安全防护装置。防护装置应有足够强度、刚度，保证在正常使用中不产生裂缝、撕裂或永久变形，其安全距离应符合 GB 23821 的规定。

5.2.3 安全防护装置、锁紧装置和电控箱（柜）等危险部位应有符合 GB 10396 规定的安全标志。

5.2.4 榨油机应有漏电保护装置，机体应有接地装置和接地标志。

5.2.5 常态下，电控箱（柜）中带电导体及电机接线端子与机壳间的绝缘电阻不应小于 20 MΩ。

5.3 使用有效度

榨油机的使用有效度不应小于98%。

5.4 整机耐压

在耐压试验中，其压力下降值不应大于试验压力的 4%，液压系统应无外泄露，在全部压力卸除后，压力表指针回到"0"位时，各零部件应无变形和损坏、运动部件无卡滞现象。

5.5 安全阀可靠性

安全阀跳阀后，压力表读数应在系统工作压力的1倍～1.2倍范围内。

5.6 装配质量

5.6.1 各紧固件、联接件应牢固可靠、不松动。

5.6.2 各运转件应转动灵活、平稳，不应有异常震动、声响及卡滞现象。

5.6.3 榨油机在工作过程中，液压系统不应有漏油现象。

5.6.4 主油缸活塞在全行程内，其轴线对受压梁的垂直度不应大于1.5/1 000。

5.7 外观及涂漆质量

5.7.1 整机表面应平整光滑，不应有磕碰、划痕和毛刺及其他机械损伤等。

5.7.2 涂漆表面应平整、色泽均匀，不应有露底、起泡、起皱、流挂等缺陷。

5.7.3 涂漆厚度不应小于 45 μm，漆膜附着力应符合 JB/T 9832.2—1999 中表1规定的Ⅱ级或Ⅱ级以上要求。

5.8 操作方便性

5.8.1 调节装置应灵活、可靠。

5.8.2 各注油孔的设置应设计合理,注油时不应受其他部件妨碍。

5.8.3 上料和卸料操作方便,不应受其他部件妨碍。

5.8.4 显示仪表位置应设置合理,便于操作和观察。

5.9 标牌

5.9.1 榨油机应有标牌,且应固定在明显位置。

5.9.2 标牌至少包括以下内容:

    a) 产品型号及名称;

    b) 配套动力;

    c) 每榨公称容量;

    d) 生产率;

    e) 整机质量;

    f) 制造单位名称;

    g) 生产日期和出厂编号;

    h) 执行标准。

5.10 使用说明书

榨油机应有产品使用说明书,使用说明书的内容应符合 GB/T 9480 的规定。

5.11 三包凭证

5.11.1 榨油机应有三包凭证,并应包括以下内容:

    a) 产品品牌(如有)、型号规格、购买日期、产品编号;

    b) 生产者名称、联系地址、电话;

    c) 已经指定销售者和修理者的,应有销售者和修理者的名称、联系地址、电话、三包项目;

    d) 整机三包有效期;

    e) 主要零部件名称和质量保证期;

    f) 易损件及其他零部件质量保证期;

    g) 销售记录(包括销售者、销售地点、销售日期、购机发票号码);

    h) 修理记录(包括送修时间、交货时间、送修故障、修理情况、换退货证明);

    i) 不承担三包责任的情况说明。

5.11.2 整机三包有效期不应少于 1 年。

5.11.3 主要零部件质量保证期不应少于 1 年。

6 检测方法

6.1 性能试验

6.1.1 试验要求

6.1.1.1 在耐压试验和安全阀可靠性试验后进行性能试验。

6.1.1.2 性能试验时,安全阀开启压力应调至系统工作压力+1 MPa～+5 MPa 范围内。

6.1.1.3 试验前样机应进行不少于 5 min 的空运转试验,检查样机运行是否正常、平稳,在确认样机处于正常状态后方可进行负载试验。

6.1.1.4 负载试验进行两次(两次试验用同一批试验物料)。

6.1.1.5 每次试验按每榨公称容量称取试验物料,并按使用说明书要求进行物料处理后装榨。

6.1.1.6 装榨后,开始加压,同时累计试验时间和耗电量(以电动机为动力),并记录压力表最大读数。

6.1.1.7 待压榨结束时(符合使用说明书要求),停止累计试验时间和耗电量。

6.1.1.8 将压榨出的油脂通过基本尺寸为 0.25 mm 筛孔的滤网过滤后,称量。

6.1.1.9 性能试验前,将试验物料按 GB/T 5491 规定进行取样。按 GB/T 5497 规定检验水分;按 GB/T 5494 规定检验杂质;按 GB/T 5512 规定检验粗脂肪含量;试验物料为花生仁时,按 GB/T 22725 规定检验纯质率;试验物料为大豆时,按 GB/T 1352 规定检验完整粒率。

6.1.2 吨压力小时生产率

按式(1)计算小时生产率。

$$E_c = \frac{Q_c}{t_c} \quad\cdots\cdots\cdots\cdots\cdots\cdots\cdots\cdots\cdots\cdots\cdots\cdots\cdots\cdots\cdots\cdots\cdots \quad (1)$$

式中:

E_c——小时生产率,单位为千克每小时(kg/h);

Q_c——每榨试验物料质量,单位为千克(kg);

t_c——试验时间,单位为小时(h)。

按式(2)计算吨压力小时生产率。取两次试验结果平均值,结果保留两位小数。

$$E_d = \frac{E_c}{\pi r^2 P} \times 9.8 \times 10^{-3} \quad\cdots\cdots\cdots\cdots\cdots\cdots\cdots\cdots\cdots\cdots\cdots\cdots \quad (2)$$

式中:

E_d——吨压力小时生产率,单位为千克每小时吨[kg/(h·t)];

r——主油缸活塞半径,单位为米(m);

π——取 3.14;

P——试验时,压力表最大读数,单位为兆帕(MPa)。

6.1.3 出油效率

将 6.1.6 中抽取的油样经摇匀,用吸管取油面以下 20 mm~30 mm 油层处的油,按 GB/T 5529 规定的方法检验样品中的油渣含量,按式(3)计算毛油质量。

$$Q_y = Q_g \times (1 - Z_1) \quad\cdots\cdots\cdots\cdots\cdots\cdots\cdots\cdots\cdots\cdots\cdots\cdots\cdots \quad (3)$$

式中:

Q_y——毛油质量,单位为千克(kg);

Q_g——过滤后油脂质量,单位为千克(kg);

Z_1——油渣含量,%。

按式(4)计算出油率。

$$B = \frac{Q_y}{Q_c} \times 100 \quad\cdots\cdots\cdots\cdots\cdots\cdots\cdots\cdots\cdots\cdots\cdots\cdots\cdots\cdots \quad (4)$$

式中:

B——出油率,单位为百分率(%)。

按式(5)计算出油效率。取两次试验结果平均值,结果保留一位小数。

$$\eta_y = \frac{B}{B_y} \times 100 \quad\cdots\cdots\cdots\cdots\cdots\cdots\cdots\cdots\cdots\cdots\cdots\cdots\cdots \quad (5)$$

式中:

η_y——出油效率,单位为百分率(%);

B_y——试验物料粗脂肪含量,单位为百分率(%)。

6.1.4 吨料电耗

按式(6)计算。取两次试验结果平均值,结果保留两位小数。

$$G_n = \frac{1\,000G_{nz}}{Q_c} \qquad (6)$$

式中:

G_n——吨料电耗,单位为千瓦时每吨(kW·h/t);

G_{nz}——耗电量,单位为千瓦时(kW·h)。

6.1.5 干饼残油率

按 GB/T 25732—2010 中 8.3.2.4 的规定抽取饼样样品,按 GB/T 5512 的规定检验干饼残油率,取两次试验结果平均值,结果保留两位小数。

6.1.6 油品质量

性能试验结束时,将称量的油脂搅拌均匀,抽取油样不少于 500 g。将油样沉淀 24 h 后,用吸管取油面以下 20 mm~30 mm 油层处的油脂,按 GB/T 5529 的规定检验油品中的杂质;按 GB/T 5528 的规定检验油品中的水分及挥发物。取两次试验结果平均值,结果保留两位小数。

6.2 安全性检查

6.2.1 检查样机是否符合 5.2.1、5.2.2、5.2.3、5.2.4 要求。

6.2.2 在常态下,用绝缘电阻测量仪施加 500 V 电压,测量电控箱(柜)中带电导体及电机接线端子与机壳间的绝缘电阻。

6.3 使用有效度

按 GB/T 5667 的规定进行。试验样机为 1 台,考核纯工作时间不应少于 300 h。使用有效度按式(7)计算。

$$K = \frac{\sum T_z}{\sum T_g + \sum T_z} \times 100 \qquad (7)$$

式中:

K——使用有效度,单位为百分率(%);

T_z——生产考核期间的每班次作业时间,单位为小时(h);

T_g——生产考核期间每班次的故障时间,单位为小时(h)。

6.4 整机耐压试验

对榨油机加压,使活塞伸出至最大工作行程,当压力表读数为试验压力(最大系统工作压力)的 1.25 倍时停止加压,稳压 15 min 后,计算压力下降值,检查样机是否符合 5.4 要求。

6.5 安全阀可靠性

耐压试验后,进行安全阀可靠性试验。将安全阀调至系统工作压力后进行加压,直至安全阀跳阀,检查每次跳阀后压力表读数是否符合 5.5 要求。试验应连续进行五次。

6.6 装配质量检查

6.6.1 在试验前,检查主油缸活塞在全行程内其轴线对受压梁的垂直度是否符合 5.6.4 的要求。

6.6.2 检查样机是否符合 5.6.1、5.6.2、5.6.3 的要求。

6.7 外观及涂漆质量检查

6.7.1 检查样机外观是否符合 5.7.1 和 5.7.2 的要求。

6.7.2 在样机表面任选 3 处,用涂层测厚仪测量漆膜厚度,取其平均值。在样机表面任选 3 处,按 JB/T 9832.2—1999 规定的方法检验漆膜附着力。

6.8 操作方便性检查

通过实际操作,观察样机是否符合 5.8 的要求。

6.9 标牌检查

检查产品标牌是否符合5.9的要求。

6.10 使用说明书审查

审查使用说明书是否符合5.10的要求。

6.11 三包凭证审查

审查使用三包凭证是否符合5.11的要求。

7 检验规则

7.1 不合格项目分类

检验项目按其对产品质量影响的程度分为A、B、C三类,不合格项目分类见表5。

表5 检验项目及不合格分类表

项目分类	序号	项目名称	要求
A	1	安全性	5.2
	2	整机耐压	5.4
	3	干饼残油率	5.1
	4	安全阀可靠性	5.5
B	1	使用有效度[a]	5.3
	2	吨料电耗	5.1
	3	出油效率	5.1
	4	吨压力小时生产率	5.1
	5	使用说明书	5.10
	6	三包凭证	5.11
C	1	油品杂质	5.1
	2	油品水分及挥发物	5.1
	3	装配质量	5.6
	4	外观及涂漆质量	5.7
	5	操作方便性	5.8
	6	标牌	5.9
[a] 在监督性检查中,可不考核使用有效度。			

7.2 抽样方案

抽样方案按GB/T 2828.11—2008中表B.1制定,见表6。

表6 抽样方案

检验水平	O
声称质量水平(DQL)	1
核查总体(N)	10
样本量(n)	1
不合格品限定数(L)	0

7.3 抽样方法

根据抽样方案确定,抽样基数为10台,被检样品为1台,样品在制造单位生产的合格产品中随机抽取(其中,在用户中和销售部门抽样时不受抽样基数限制)。被抽样品应是一年内生产的产品。

7.4 判定规则

7.4.1 样品合格判定

对样品的A、B、C各类检验项目进行逐一检验和判定,当A类不合格项目数为0(即,A=0)、B类不合格项目数不超过1(即,B≤1)、C类不合格项目数不超过2(即,C≤2)时,判定样品为合格产品;否则判定样品为不合格品。

7.4.2 综合判定

若样品为合格品（即，样品的不合格品数不大于不合格品限定数），则判该核查通过；若样品为不合格品（即，样品的不合格品数大于不合格品限定数），则判核查总体不合格。

附　录　A

（规范性附录）

产品规格确认表

产品规格确认表见表 A.1。

表 A.1　产品规格确认表

序号	项目	单位	规格
1	规格型号	—	
2	结构型式	—	
3	最大系统工作压力	MPa	
4	液压系统公称压力	MPa	
5	每榨公称容量	kg	
6	整机外形尺寸(长×宽×高)	mm	
7	整机质量	kg	
8	配套功率	kW	
9	主油缸活塞直径	mm	
10	主油缸活塞最大行程	mm	
11	饼圈内径	mm	

ICS 65.060.10
T 60

中华人民共和国农业行业标准

NY/T 2207—2012

轮式拖拉机能效等级评价

Level evaluation of energy efficiency for wheeled tractors

2012-12-07 发布

2013-03-01 实施

中华人民共和国农业部 发布

前　言

本标准按照 GB/T 1.1 给出的规则起草。

本标准由农业部农业机械化管理司提出。

本标准由全国农业机械标准化技术委员会农业机械化分技术委员会(SAC/TC 201/SC 2)归口。

本标准起草单位:农业部农业机械试验鉴定总站、江苏常发农业装备股份有限公司、江苏省农业机械试验鉴定站、河南省力神机械有限公司、黑龙江省农业机械试验鉴定站。

本标准主要起草人:耿占斌、廖汉平、孔华祥、陈建伟、郭雪峰、李英杰、张素洁。

轮式拖拉机能效等级评价

1 范围

本标准规定了轮式拖拉机能效限值要求、试验方法、能效检验规则、能效等级评价方法、能效等级标注。

本标准适用于农业轮式拖拉机(以下简称拖拉机)。农用柴油机和其他以柴油机为动力的农用机械可参照执行。

2 规范性引用文件

下列文件对于本文件的应用是必不可少的。凡是注日期的引用文件,仅注日期的版本适用于本文件。凡是不注日期的引用文件,其最新版本(包括所有的修改单)适用于本文件。

GB/T 3871.3 农业拖拉机 试验规程 第3部分:动力输出轴功率试验

GB/T 3871.9 农业拖拉机 试验规程 第9部分:牵引功率试验

GB/T 6072.1 往复式内燃机 性能 第1部分:功率、燃料消耗和机油消耗的标定及试验方法 通用发动机的附加要求

GB/T 6960 拖拉机术语

3 术语和定义

GB/T 6960 界定的以及下列术语和定义适用于本文件。

3.1

能源效率(N) energy efficiency

单位燃油消耗量所能输出的功,简称能效。

3.2

加权能效(N_{ew}) weighted energy efficiency

8工况循环试验时,测得的各工况功率分别乘以其对应的加权系数后的累加与各工况每小时燃料消耗量分别乘以其对应的加权系数后的累加的比值。

注:8工况及加权系数见表1。

表1 8工况循环试验及能效加权系数

工况号	发动机转速	实测扭矩(最大实测扭矩百分比)	加权系数
1	标定转速	100	0.15
2	标定转速	75	0.15
3	标定转速	50	0.15
4	标定转速	10	0.10
5	中间转速	100	0.10
6	中间转速	75	0.10
7	中间转速	50	0.10
8	怠速	0	0.15

3.3

能效限值(N_x) energy efficiency limit

所允许的最低能效值。

3.4

能效比(η) energy efficiency ratio

在特定工况下实测能效与该工况能效限值的比值。

3.5

柴油机标定工况能效比(η_{db}) diesel engine calibration conditions energy efficiency ratio

柴油机标定转速时最大功率工况实测能效与该工况能效限值的比值。

3.6

动力输出轴标定工况能效比(η_{db}) PTO shaft calibration conditions energy efficiency ratio

柴油机标定转速时动力输出轴最大功率工况实测能效与该工况能效限值的比值。

3.7

柴油机加权能效比(η_{cw}) diesel engine weighted energy efficiency ratio

柴油机按表1规定的8工况循环试验加权实测能效与该8工况循环试验加权能效限值的比值。

3.8

动力输出轴加权能效比(η_{dw}) PTO shaft weighted energy efficiency ratio

拖拉机动力输出轴按表1规定的8工况循环试验加权实测能效与该8工况循环试验加权能效限值的比值。

3.9

牵引能效比(η_q) traction energy efficiency ratio

拖拉机最大牵引功率工况实测能效与该工况能效限值的比值。

3.10

能效比限值(η_x) energy efficiency ratio limit

所允许的最低能效比值。

3.11

拖拉机能效等级 tractor energy efficiency level

拖拉机能效的高低水平。

3.12

额定能效等级 rating energy efficiency level

拖拉机出厂时,制造厂在铭牌和技术文件中标注的拖拉机能效等级。

3.13

中间转速 intermediate speed

在非恒定转速下工作的柴油机,按全负荷扭矩曲线运行时,符合下列条件之一的转速:

——如果标定的最大扭矩转速在标定转速的60%～75%之间,则中间转速取标定的最大扭矩转速;

——如果标定的最大扭矩转速低于标定转速的60%,则中间转速取额定转速的60%;

——如果标定的最大扭矩转速高于标定转速的75%,则中间转速取额定转速的75%。

4 能效限值要求

4.1 能效限值

能效限值见表2。

表 2　能效限值

标定功率 P(kW)	能效项目				
	柴油机标定工况能效限值 N_{cbx} kW·h/kg	动力输出轴标定工况能效限值 N_{dbx} kW·h/kg	柴油机加权能效限值 N_{cwx} kW·h/kg	动力输出轴加权能效限值 N_{dwx} kW·h/kg	牵引能效限值 N_{qX} kW·h/kg
P<8	≥3.50	≥3.04	≥2.92	≥2.53	≥2.82
8≤P<19	≥3.86	≥3.39	≥3.55	≥3.01	≥2.82
19≤P<37	≥3.92	≥3.45	≥3.64	≥3.09	≥2.86
37≤P<56	≥3.95	≥3.45	≥3.77	≥3.16	≥2.94
56≤P<75	≥4.00	≥3.51	≥3.79	≥3.17	≥2.94
75≤P<130	≥4.02	≥3.45	≥3.80	≥3.19	≥2.71
130≤P<225	≥4.12	≥3.45	≥4.00	≥3.33	≥2.82
225≤P<450	≥4.27	≥3.57	≥4.08	≥3.39	≥2.90
450≤P≤560	≥4.29	≥3.64	≥4.17	≥3.45	≥2.90

4.2　能效比限值

能效等级及其对应的能效比限值见表 3。

表 3　能效等级及其对应的能效比限值

能效比项目	能效等级			
	1	2	3	4
柴油机标定工况能效比 η_{cb}	≥1.13	≥1.08	≥1.05	≥1.00
动力输出轴标定工况能效比 η_{db}				
柴油机加权能效比 η_{cw}	≥1.13	≥1.08	≥1.05	≥1.00
动力输出轴加权能效比 η_{dw}				
牵引能效比 η_q	≥1.16	≥1.13	≥1.08	≥1.00

5　试验方法

5.1　按 GB/T 3871.3 规定测试动力输出轴标定工况燃油消耗量,按式(1)计算动力输出轴标定工况能效值。对无动力输出轴或不宜做动力输出轴功率试验的拖拉机,动力输出轴功率试验改为柴油机台架试验,按 GB/T 6072.1 规定测试柴油机标定工况燃油消耗量,按式(1)计算柴油机标定工况能效值。

$$N = P/G \quad \cdots\cdots\cdots\cdots\cdots\cdots\cdots\cdots\cdots\cdots\cdots (1)$$

式中:

N——能源效率,单位为千瓦时每千克(kW·h/kg);

P——输出的功率,单位为千瓦(kW);

G——燃油消耗量,单位为千克每小时(kg/h)。

5.2　按 GB/T 3871.3 和表 1 规定测试动力输出轴加权燃油消耗量,按式(2)计算动力输出轴加权能效值。对无动力输出轴或不宜做动力输出轴功率试验的拖拉机,动力输出轴功率试验改为柴油机台架试验,台架试验按 GB/T 6072.1 和表 1 规定测试柴油机加权工况燃油消耗量,按式(2)计算柴油机加权能效值。

$$N_{ew} = \frac{\sum_{i=1}^{8} P_i \times W_i}{\sum_{i=1}^{8} G_i \times W_i} \quad \cdots\cdots\cdots\cdots\cdots\cdots\cdots\cdots (2)$$

式中:

N_{ew}——按低热值 42 700 kJ/kg 标定的 8 工况加权能效,单位为千瓦时每千克(kW·h/kg);

G_i——各工况时测得的燃料消耗量,单位为千克每小时(kg/h);

W_i——各工况加权系数,见表1;

P_i——各工况时的功率,单位为千瓦(kW)。

5.3 按 GB/T 3871.9 规定测试最大牵引功率工况下燃料消耗量,并按式(1)计算牵引能效值。

6 能效检验规则

6.1 检验项目

a) 动力输出轴标定工况能效(N_{db})或柴油机标定工况能效(N_{cb});

b) 动力输出轴加权能效(N_{dw})或柴油机加权能效(N_{cw});

c) 牵引能效(N_q)。

6.2 抽样方案

正常批量生产时,应在同批次、同型号产品中随机抽取一台样品,测试产品的能效。

6.3 判定规则

检验项目符合表2能效限值要求时,能效判为合格,否则能效判为不合格。

7 能效等级评价方法

7.1 能效等级分为1级、2级、3级、4级四个等级,其中1级能效最高(能效比最大),4级能效最低(能效比最小)。

7.2 按表3评定拖拉机能效等级,以实测的三项能效比中所对应的最低能效等级确定为拖拉机能效等级。

8 能效等级标注

制造厂应在铭牌和技术文件上注明该产品的额定能效等级及本标准号。

ICS 65.060.01
B 90

中华人民共和国农业行业标准

NY/T 2208—2012

油菜全程机械化生产技术规范

Technical specifications for rape full mechanized production

2012-12-07 发布

2013-03-01 实施

中华人民共和国农业部 发布

前　言

本标准按照 GB/T 1.1 给出的规则起草。

本标准由农业部农业机械化管理司提出。

本标准由全国农业机械标准化技术委员会农业机械化分技术委员会(SAC/TC 201/SC 2)归口。

本标准起草单位:江苏沃得农业机械有限公司、农业部南京农业机械化研究所。

本标准主要起草人:郑立军、朱云端、曹蕾、王忠群、吴崇友。

油菜全程机械化生产技术规范

1 范围

本标准规定了油菜全程机械化生产的品种选择、大田准备、直播与移栽、田间管理、收获、油菜籽清选与烘干等环节的技术规范。

本标准适用于长江上、中、下游及黄淮海地区秋季播种、次年春末夏初收获的油菜全程机械化生产。其他地区油菜机械化生产可参照执行。

2 规范性引用文件

下列文件对于本文件的应用是必不可少的。凡是注日期的引用文件,仅注日期的版本适用于本文件。凡是不注日期的引用文件,其最新版本(包括所有的修改单)适用于本文件。

GB/T 11762　油菜籽

NY/T 414　低芥酸低硫苷油菜种子

NY/T 650　喷雾机(器)作业质量

NY/T 790　双低油菜生产技术规程

NY/T 1087　油菜籽干燥与储藏技术规程

NY/T 1225　喷雾器安全施药技术规范

NY/T 1229　旋耕施肥播种联合作业机　作业质量

NY/T 1289　长江上游地区低芥酸低硫苷油菜生产技术规程

NY/T 1290　长江中游地区低芥酸低硫苷油菜生产技术规程

NY/T 1291　长江下游地区低芥酸低硫苷油菜生产技术规程

NY/T 1923　背负式喷雾机安全施药技术规范

NY/T 1924　油菜移栽机质量评价技术规范

3 技术要求

3.1 一般要求

3.1.1 机具操作人员应是专业人员或经过专业培训的人员,并严格按照机具使用说明书的操作规程进行调整、作业和维护。

3.1.2 机具性能应满足相关产品标准及安全标准要求。

3.2 品种选择

3.2.1 应选用通过国家或省级审(认)定,适合本地栽培的双低油菜品种。

3.2.2 种子质量应符合 NY/T 414 的规定。

3.2.3 品种及生产布局应符合 NY/T 1289、NY/T 1290、NY/T 1291 的规定。

3.3 大田准备

3.3.1 前茬作物收获后,应用秸秆粉碎还田机将秸秆粉碎再旋耕灭茬还田,也可使用具有相同功能的复式机具作业,田块表面应无过量的残茬。少免耕直播油菜要求前茬作物的留茬高度:水稻≤20 cm,玉米≤30 cm。

3.3.2 开沟机作厢宽度应与播种、收获机械作业宽度对应,厢沟、腰沟、边沟配套,沟深 15 cm～20 cm,根据土壤墒情适时排灌,以保证顺利播种。

3.3.3 应根据当地农艺要求及土壤肥力,合理计算肥料的施用量。基肥施用量为总施肥量的50%。硼肥、氮肥、钾肥应根据当地土壤特性进行配施。一般氮磷钾复合肥300 kg/hm²～600 kg/hm²,或缓释肥450 kg/hm²;硼砂7.5 kg/hm²～11.25 kg/hm²,并符合NY/T 790的规定。

3.3.4 采取种肥混播复式作业机具施用基肥时,应选用吸水性差的颗粒肥料。

3.4 直播与移栽

3.4.1 直播

3.4.1.1 播种期:9月下旬至10月上中旬,适期早播。播种行距25 cm～30 cm,播种量3 kg/hm²～4.5 kg/hm²,播种深度5 mm～25 mm,油菜出苗株数应不少于37.5万株/hm²。播种期推迟时应适当加大播种量。

3.4.1.2 根据土壤墒情、前茬作物品种以及当地播种机使用情况,选择免耕直播油菜播种机、油菜直播机、精量播种机等机具进行播种作业。按照机具使用说明书要求进行作业。

3.4.1.3 旋耕、施肥作业质量应符合NY/T 1229的规定。

3.4.1.4 播种作业质量应符合下列指标要求:

    a) 漏播率≤2%;

    b) 各行播量一致性变异系数≤7%;

    c) 行距一致性变异系数≤5%;

    d) 播种量误差≤5%。

3.4.2 移栽

3.4.2.1 播种25 d～35 d移栽。长江中上游移栽期为10月中下旬以前,长江下游移栽期为11月15日以前。移栽密度不少于12万株/hm²,行距30 cm～40 cm,移栽时土壤湿度应不大于30%。

3.4.2.2 裸苗移栽时,苗高:20 cm～25 cm,叶龄:4叶1心～5叶1心。

3.4.2.3 钵苗移栽时,钵体直径小于2.5 cm或边长小于2.5 cm×2.5 cm,苗茎直径小于2.5 mm,苗高15 cm～20 cm,叶龄:3叶1心～4叶1心。

3.4.2.4 钵体质量应符合NY/T 1924的规定。

3.4.2.5 应根据秧苗情况选择移栽机。导苗管式移栽机移栽钵苗,钳夹式、链夹式移栽机移栽裸苗。

3.4.2.6 根据田块面积、土壤墒情、前茬作物品种等,选择2行移栽机、4行移栽机、6行移栽机或选择能完成开沟、栽苗、浇水、施肥、覆土等复式作业的机具。

3.4.2.7 移栽作业质量应符合NY/T 1924的规定。

3.5 田间管理

3.5.1 应根据排灌面积和排水量选择适宜排灌泵,做到旱能灌、涝能排。

3.5.2 追肥按NY/T 790的规定进行。

3.5.3 选用背负式喷雾喷粉机、手动喷雾器等机具进行病虫害防控及化学中耕除草,并应符合NY/T 650、NY/T 1225、NY/T 1923的有关要求。

3.5.4 菌核病、霜霉病、蚜虫、青菜虫等病虫害防治应按照NY/T 1289、NY/T 1290、NY/T 1291的有关要求进行。

3.5.5 病虫害防治作业质量应符合NY/T 650的规定。

3.6 收获

3.6.1 分段收获

3.6.1.1 全田油菜全株70%～80%角果色应呈黄绿色至淡黄色,采用割晒机进行作业。

3.6.1.2 将割倒的油菜晾晒5 d～7 d,成熟度达到90%后,用收获机械进行捡拾、脱粒及清选作业。

3.6.1.3 分段收获作业质量应符合下列要求：

a) 总损失率≤6.5%；

b) 含杂率≤5%；

c) 破碎率≤0.5%。

3.6.2 联合收获

3.6.2.1 全田90%以上油菜角果应变黄色或褐色时，采用联合收获机在田间一次性完成切割、脱粒及清选作业。

3.6.2.2 联合收割作业质量应符合下列要求：

a) 总损失率≤8%；

b) 含杂率≤5%；

c) 破碎率≤0.5%。

3.7 油菜籽清选与烘干

3.7.1 清选

3.7.1.1 应选择风选式、筛选式、风筛组合式等清选机进行油菜籽清选作业。

3.7.1.2 清选作业质量应符合以下要求：

a) 清洁度≥99%；

b) 损失率≤0.8%。

3.7.2 烘干

3.7.2.1 选择混流式、滚筒式、流化床式等烘干机进行油菜籽烘干作业。

3.7.2.2 烘干作业过程中，油菜籽的烘干温度应符合NY/T 1087的规定。

3.7.2.3 烘干后，油菜籽不得出现焦糊粒，发芽率、含水率应符合GB/T 11762的规定，水分不均匀度≤2%。

ICS 65.060.99
B 93

中华人民共和国农业行业标准

NY/T 2261—2012

木薯淀粉初加工机械　碎解机
质量评价技术规范

Technical specification of quality evaluation for crusher for cassava starch primary
processing machinery

2012-12-07 发布

2013-03-01 实施

中华人民共和国农业部 发布

前　言

本标准按照 GB/T 1.1 给出的规则起草。

本标准由农业部农垦局提出。

本标准由农业部热带作物及制品标准化技术委员会归口。

本标准起草单位：中国热带农业科学院农业机械研究所、农业部热带作物机械质量监督检验测试中心、南宁市明阳机械制造有限公司。

本标准主要起草人：黄晖、王金丽、张园、王忠恩、崔振德。

木薯淀粉初加工机械 碎解机 质量评价技术规范

1 范围

本标准规定了木薯淀粉初加工机械碎解机的基本要求质量要求、检测方法和检验规则。

本标准适用于以鲜木薯为加工原料的碎解机的质量评定,以木薯干片为加工原料的碎解机可参照执行。

2 规范性引用文件

下列文件对于本文件的应用是必不可少的。凡是注日期的引用文件,仅注日期的版本适用于本文件。凡是不注日期的引用文件,其最新版本(包括所有的修改单)适用于本文件。

GB/T 230.1 金属材料 洛氏硬度试验 第1部分:试验方法(A、B、C、D、E、F、G、H、K、N、T标尺)

GB/T 2828.1 计数抽样检验程序 第1部分:按接收质量限(AQL)检索的逐批检验抽样计划

GB/T 3768 声学 声压法测定噪声源声功率级 反射面上方采用包络测量表面的简易法

GB/T 8196 机械安全 防护装置 固定式和活动式防护装置设计与制造一般要求

GB/T 9239.1 机械振动 恒态(刚性)转子平衡品质要求 第1部分:规范与平衡允差的检验

GB/T 9969 工业产品使用说明书 总则

GB 10396 农林拖拉机和机械、草坪和园艺动力机械 安全标志和危险图形 总则

GB/T 12620 长圆孔、长方孔和圆孔筛板

GB/T 13306 标牌

GB 16798 食品机械安全卫生

JB/T 5673 农林拖拉机及机具涂漆 通用技术条件

JB/T 9832.2 农林拖拉机及机具 漆膜 附着性能测定方法 压切法

NY/T 737—2003 木薯淀粉加工机械通用技术条件

3 术语和定义

下列术语和定义适用于本文件。

3.1

木薯淀粉初加工机械 cassava starch primary processing machinery

将鲜木薯加工成淀粉的工艺过程中,使用的输送机、洗薯机、碎解机、离心筛、干燥设备、干粉筛选机等设备的总称。

3.2

碎解机 crusher

将清洗干净的鲜木薯破碎成薯浆的设备。

注:改写 NY/T 737—2003,定义 3.2。

4 基本要求

4.1 文件资料

质量评价所需文件资料应至少包括:

——产品执行标准或产品制造验收技术条件;

——产品使用说明书。

4.2 主要技术参数核对

对产品进行质量评价时应核对其主要技术参数,其主要内容应符合表 1 的要求。

表 1 产品主要技术参数确认表

型号规格	锤片数,个	筛孔直径,mm (二级碎解)	主轴转速, r/min	转子工作 直径,mm	电机功率, kW	外形尺寸,mm	整机质量,kg
SJ-450Ⅰ	63	1.2~1.8	2 900	450	55	2 000×770×1 100	1 700
SJ-450Ⅱ	63	1.2~1.8	2 900	450	55	2 100×780×1 200	1 550
SJ-450Ⅲ	81	1.2~1.8	2 900	450	75	2 500×780×1 200	1 800
SJ-450Ⅳ	90	1.2~1.8	2 900	450	75	2 240×770×1 100	1 850
SJ-450Ⅴ	45	1.2~1.5	2 900	450	22	1 950×740×1 100	1 100
SJ-450Ⅵ	45	1.2~1.5	2 900	450	37	1 950×740×1 200	1 200
SJ-500Ⅰ	81	1.2~1.8	2 900	500	90	2 320×890×1 200	1 800
SJ-500Ⅱ	117	1.2~1.8	2 900	500	110	2 920×900×1 250	2 900
SJ-530Ⅰ	56	1.2~1.4	2 900	530	55	2 400×770×1 200	1 600
SJ-530Ⅱ	56	1.5~1.8	2 900	530	75	2 400×770×1 200	1 800
SJ-930	192	1.6~1.8	1 490	930	132	2 695×1 910×1 520	3 500

5 质量要求

5.1 主要性能要求

产品主要性能要求应符合表 2 的规定。

表 2 产品主要性能要求

序号	项目	指标
1	生产率,t/h(鲜薯)	≥企业明示技术要求
2	单位耗电量,kWh/t(鲜薯)	≤企业明示技术要求
3	使用可靠性,%	≥97
4	粉碎细度(二级碎解),mm	≤1.8
5	轴承负载温升,℃	≤35
6	密封部位渗漏液情况	设备不应有水、薯浆外溢或渗漏现象,轴承不应有渗漏油现象

5.2 安全卫生要求

5.2.1 外露运动件应有安全防护装置,防护装置应符合 GB/T 8196 的规定。

5.2.2 在可能影响人员安全的部位,应在明显处设有安全警示标志,标志应符合 GB 10396 的规定。

5.2.3 设备应有醒目的接地标志和接地措施,接地电阻应小于 5 Ω。

5.2.4 设备运行时有可能发生移位、松脱或抛射的零部件,应有紧固或防松装置。

5.2.5 与加工物料接触的零部件不应有锈蚀和腐蚀现象,其制造材料应符合 GB 16798 的规定。

5.3 空载噪声

应不大于 88 dB(A)。

5.4 关键零部件质量

5.4.1 主轴、锤片不应有裂纹和其他影响强度的缺陷。

5.4.2 主轴硬度应为 22 HRC～28 HRC,锤片工作面表面硬度应为 45 HRC～50 HRC。

5.4.3 锤片在装配前应按要求进行质量分组,每组质量差应不大于 10 g。

5.4.4 筛网应无裂纹、损伤等缺陷,孔眼均布,并符合 GB/T 12620 的规定。

5.4.5 联轴器、转子应进行动平衡试验,其平衡品质级别应不低于 GB/T 9239.1 规定的 G 6.3。

5.5 一般要求

5.5.1 设备应运转平稳,无卡滞,无明显振动、冲击和异响等现象。

5.5.2 顶盖开合应灵活可靠,与主体接合应牢固、密封,接合边缘错位量应不大于 3 mm。

5.5.3 筛网应张紧平整、牢固可靠。

5.5.4 设备外表面不应有锈蚀、损伤及制造缺陷,漆层应色泽均匀,平整光滑,不应有露底,明显起泡、起皱不多于 3 处。

5.5.5 表面涂漆质量应符合 JB/T 5673 中普通耐候涂层的规定。

5.5.6 漆层漆膜附着力应符合 JB/T 9832.2 中Ⅱ级 3 处的规定。

5.6 使用信息要求

5.6.1 产品使用说明书的编制应符合 GB/T 9969 的规定,除包括产品基本信息外,还应包括安全注意事项、禁用信息以及对安全装置、调节控制装置与安全标志的详细说明等内容。

5.6.2 应在设备明显位置固定产品标牌,标牌应符合 GB/T 13306 的规定。

6 检测方法

6.1 性能试验

6.1.1 生产率

在正常工作情况下,测定单位工作时间内的鲜薯加工量,每台样机测定三个班次,取其平均值,每班次应不少于 6 h。

6.1.2 单位耗电量

在正常工作情况下,测定单位鲜薯加工量的耗电量,每台样机测定三次,取其平均值,每次应不少于 1 h。

6.1.3 使用可靠性

在正常工作情况下,每台样机测定时间应不少于 200 h,取两台的平均值评定。使用可靠性按式(1)计算。

$$K = \frac{\sum T_z}{\sum T_g + \sum T_z} \times 100 \cdots\cdots\cdots\cdots\cdots\cdots\cdots\cdots\cdots\cdots (1)$$

式中:

K——使用可靠性,单位为百分率(%);

T_z——班次工作时间,单位为小时 (h);

T_g——班次故障排除时间,单位为小时(h)。

6.1.4 粉碎细度

采用筛网孔径评定。

6.1.5 轴承温升

用测温仪分别测量试验开始和结束时轴承座(或外壳)的表面温度,并计算差值。

6.1.6 密封部位渗漏液情况

密封部位渗漏液情况采用目测检查。

6.2 安全卫生

6.2.1 防护装置、安全警示标志、接地标志和接地措施情况采用目测检查。

6.2.2 设备接地电阻采用接地电阻测试仪进行测定。

6.2.3 设备的紧固或防松装置采用感官检查。

6.2.4 与物料接触的零部件锈蚀和腐蚀情况采用目测检查，其材料按 GB 16798 的规定进行检查。

6.3 空载噪声

按 GB/T 3768 的规定进行测定。

6.4 关键零部件质量

6.4.1 主轴、锤片表面缺陷情况采用目测检查。

6.4.2 主轴硬度、锤片工作面表面硬度按 GB/T 230.1 的规定进行测定。

6.4.3 锤片质量分组按相关要求进行测定。

6.4.4 筛网按 GB/T 12620 的规定进行检查。

6.4.5 联轴器、转子的平衡品质级别按 GB/T 9239.1 的规定进行测定。

6.5 一般要求

6.5.1 设备运转情况采用感观检查。

6.5.2 顶盖开合及与主体接合情况采用感观检查，接合边缘错位量采用直尺或卡尺测量。

6.5.3 筛网张紧、牢固情况采用感观检查。

6.5.4 设备外观质量采用目测检查。

6.5.5 表面涂漆质量按 JB/T 5673 的规定进行测定。

6.5.6 漆膜附着力按 JB/T 9832.2 的规定进行测定。

6.6 使用信息

6.6.1 使用说明书按 GB/T 9969 的规定进行检查。

6.6.2 产品标牌按 GB/T 13306 的规定进行检查。

7 检验规则

7.1 抽样方法

7.1.1 抽样应符合 GB/T 2828.1 中正常检查一次抽样方案的规定。

7.1.2 样本应在制造单位近 6 个月内生产的合格产品中随机抽取，抽样检查批量应不少于 3 台，样本大小为 2 台。在销售部门抽样时，不受上述限制。

7.1.3 整机应在生产企业成品库或销售部门抽取，零部件应在零部件成品库或装配线上已检验合格的零部件中抽取，也可在样机上拆取。

7.2 检验项目、不合格分类

检验项目、不合格分类见表 3。

表3 检验项目、不合格分类

不合格分类	检验项目	样本数	项目数	检查水平	样本大小字码	AQL	Ac	Re
A	1. 生产率 2. 使用可靠性 3. 安全卫生要求		3			6.5	0	1
B	1. 空载噪声 2. 单位耗电量 3. 轴承负载温升 4. 粉碎细度 5. 主轴硬度 6. 锤片工作面表面硬度	2	6	S-I	A	25	1	2
C	1. 运转平稳性及异响 2. 密封部位渗漏情况 3. 表面涂漆质量 4. 外观质量 5. 漆膜附着力 6. 标志、标牌 7. 使用说明书		7			40	2	3

注:AQL 为合格质量水平,Ac 为合格判定数,Re 为不合格判定数。

7.3 判定规则

评定时采用逐项检验考核,A、B、C 各类的不合格项小于或等于 Ac 为合格,大于或等于 Re 为不合格。A、B、C 各类均合格时,该批产品为合格品,否则为不合格品。

ICS 65.060.99
B 93

中华人民共和国农业行业标准

NY/T 2264—2012

木薯淀粉初加工机械　离心筛
质量评价技术规范

Technical specification of quality evaluation for centrifugal screen for
cassava starch primary processing machinery

2012-12-07 发布

2013-03-01 实施

中华人民共和国农业部 发布

前　言

本标准按照 GB/T 1.1 给出的规则起草。

本标准由农业部农垦局提出。

本标准由农业部热带作物及制品标准化技术委员会归口。

本标准起草单位：中国热带农业科学院农业机械研究所、南宁市明阳机械制造有限公司。

本标准主要起草人：张劲、欧忠庆、陈进平、李明福、王忠恩。

木薯淀粉初加工机械 离心筛
质量评价技术规范

1 范围

本标准规定了木薯淀粉初加工机械离心筛的基本要求、质量要求、检测方法和检验规则。

本标准适用于木薯淀粉初加工机械离心筛(以下简称离心筛)的质量评定。

2 规范性引用文件

下列文件对于本文件的应用是必不可少的。凡是注日期的引用文件,仅注日期的版本适用于本文件。凡是不注日期的引用文件,其最新版本(包括所有的修改单)适用于本文件。

GB/T 228.1 金属材料 拉伸试验 第1部分:室温试验方法

GB/T 230.1 金属洛氏硬度试验 第1部分:试验方法(A、B、C、D、E、F、G、H、K、N、T标尺)

GB/T 699 优质碳素结构钢

GB/T 977 灰铸铁机械性能试验方法

GB/T 1184 形状和位置公差 未注公差值

GB/T 1958 产品几何量技术规范(GPS)形状和位置公差 检测规定

GB/T 2828.1 计数抽样检验程序 第1部分:按接收质量限(AQL)检索的逐批检验抽样计划

GB/T 3768 声学 声压法测定噪声源声功率级 反射面上方采用包络测量表面的简易法

GB/T 4706.1 家用和类似用途电器的安全 第1部分:通用要求

GB/T 5009.9 食品中淀粉的测定

GB/T 5226.1 机械安全 机械电气设备 第1部分:通用技术条件

GB/T 8196 机械设备防护罩安全要求

GB/T 9239.1 机械振动 恒态(刚性)转子平衡品质要求 第1部分:规范与平衡允差的检验

GB/T 9439 灰铸铁件

GB/T 9969 工业产品使用说明书 总则

GB/T 13306 标牌

GB 16798 食品机械安全卫生

JB/T 5673—1991 农林拖拉机及机具涂漆 通用技术条件

JB/T 9832.2 农林拖拉机及机具 漆膜附着性能测定方法 压切法

3 基本要求

3.1 文件资料

离心筛质量评价所需的文件资料应包括:

——产品执行的标准或产品制造验收技术条件;

——产品使用说明书。

3.2 主要技术参数核对

对产品进行质量评价时应核对其主要技术参数,其主要内容应符合表1的要求。

表 1 产品主要技术参数确认表

型　号	DS-700L	DS-800L	DS-1100	DS-1300
外形尺寸(长×宽×高),mm	1 770×1 200×1 200	1 930×1 300×1 260	2 300×1 750×1 650	2 650×1 900×1 800
整机质量,kg	1 100	1 300	2 000	2 500
筛兰大端直径,mm	700	800	1 100	1 300
筛兰锥角,°	50～52	50～52	60	60
筛兰转速,r/min	1 100	960	900	850
电机功率,kW	7.5	11	22	37
电机转速,r/min	1 440	1 460	1 470	1 480
生产率,m³/h(薯浆)	20	30	55	80

4 质量要求

4.1 主要性能要求

产品主要性能要求应符合表 2 的规定。

表 2 产品主要性能要求

序号	项　目		指　标
1	生产率,m³/h(薯浆)		表 1
2	单位耗电量,kWh/m³(薯浆)		企业明示的技术要求
3	薯渣含粉率(干基),%	第一级	≤46
		第二级	≤39
		第三级	≤36
4	薯渣含水率,%		≤82
5	轴承温升,℃		≤45
6	使用可靠性,%		≥97

4.2 安全卫生要求

4.2.1　V 带传动装置应有防护罩,防护罩应符合 GB/T 8196 的规定。

4.2.2　各连接件、紧固件不应有松动现象。

4.2.3　设备的绝缘电阻应不小于 2 MΩ,接地电阻应小于 5 Ω。

4.2.4　与物料接触的零部件材料应符合 GB 16798 的规定,不应有锈蚀和腐蚀现象。

4.2.5　顶盖应设安全警示标志。

4.2.6　操作开关应注明用途的文字符号。

4.3 空载噪声

应不大于 85 dB(A)。

4.4 关键零部件质量

4.4.1　主轴应采用力学性能不低于 GB/T 699 中规定的 45 号钢制造。

4.4.2　主轴硬度应为 22 HRC～28 HRC。

4.4.3　筛兰应进行动平衡校验,其许用不平衡量的确定按 GB/T 9239.1 规定的 G6.3 级。

4.4.4　轴承座应采用力学性能不低于 GB/T 9439 中规定的 HT 200 制造。

4.4.5　轴承座两轴承位孔的同轴度应不低于 GB/T 1184 中 6 级精度的要求。

4.5 一般要求

4.5.1　各部位运转平稳,不应有异响。

4.5.2 各密封部位不应有渗漏现象。

4.5.3 筛网应可靠紧固,无起皱、凸起现象。

4.5.4 外筒体与底座的错位量应不大于 3 mm。

4.5.5 顶盖应操作灵活,密封可靠。

4.5.6 表面涂漆质量应符合 JB/T 5673 中普通耐候涂层的规定。

4.5.7 涂层漆膜附着力应符合 JB/T 9832.2 中Ⅱ级 3 处的规定。

4.6 使用信息要求

4.6.1 产品使用说明书的编制应符合 GB/T 9969 的规定,除包括产品基本信息外,还应包括安全注意事项、禁用信息以及对安全装置、调节控制装置与安全标志的详细说明等内容。

4.6.2 应在设备明显位置固定产品标牌,标牌应符合 GB/T 13306 的规定。

5 检测方法

5.1 性能试验

5.1.1 生产率

采用容积法测定单位时间内加工的薯浆量。测定三次,取平均值。生产率以式(1)计算。

$$E = \frac{V_a}{T} \quad \cdots\cdots\cdots\cdots\cdots\cdots\cdots\cdots\cdots\cdots\cdots\cdots\cdots\cdots\cdots\cdots\cdots (1)$$

式中:

E——生产率,单位为立方米每小时(m^3/h);

V_a——薯浆加工量,单位为立方米(m^3);

T——工作时间,单位为小时(h)。

5.1.2 单位耗电量

在正常工作情况下,测定单位薯浆的耗电量,每台样机测定三次,取其平均值,每次应不少于 1 h。

5.1.3 薯渣含粉率

按 GB/T 5009.9 规定的方法测定。

5.1.4 薯渣含水率

在出渣口取样 3 份,每份不少于 50 g,采用烘箱法分别测定含水率,取平均值。

5.1.5 轴承温升

用测温仪分别测量试验开始和结束时轴承座(或外壳)的表面温度,并计算差值。

5.1.6 使用可靠性

在正常工作情况下,每台样机测定时间应不少于 200 h,取两台的平均值评定。使用可靠性以式(2)计算。

$$K = \frac{\sum T_Z}{\sum T_g + \sum T_Z} \times 100 \quad \cdots\cdots\cdots\cdots\cdots\cdots\cdots\cdots\cdots\cdots\cdots (2)$$

式中:

K——使用可靠性,单位为百分率(%);

T_Z——班次工作时间,单位为小时(h);

T_g——班次故障排除时间,单位为小时(h)。

5.2 安全卫生

5.2.1 防护装置、安全警示标志、接地标志和接地措施情况采用目测检查。

5.2.2 设备的紧固或防松装置采用感官检查。

5.2.3 绝缘电阻、接地电阻的检测分别按 GB/T 5226.1、GB/T 4706.1 的规定进行。

5.2.4 与物料接触的零部件材料按 GB 16798 的规定进行检查，锈蚀和腐蚀情况采用目测检查。

5.3 空载噪声

按 GB/T 3768 的规定进行测定。

5.4 关键零部件

5.4.1 主轴材料力学性能检测按 GB/T 228.1 规定的方法进行。

5.4.2 主轴硬度的测试按 GB/T 230.1 规定的方法进行。

5.4.3 筛兰在动平衡机上进行筛兰不平衡量的测定。其不平衡量的确定和测定方法按 GB/T 9239.1 的规定进行。

5.4.4 轴承座材料力学性能按 GB/T 977 的规定进行。

5.4.5 轴承座轴承位孔同轴度测量按 GB/T 1958 的规定进行。

5.5 一般要求

5.5.1 运转平稳性及异响分别采用目测和听觉检查。

5.5.2 密封处渗漏、筛网的紧固和平整情况采用感官检查。

5.5.3 外筒体与底座的错位量用直尺测量检查。

5.5.4 顶盖操作情况采用感官检查，密封性采用目测检查。

5.5.5 涂漆外观目测、漆膜附着力应按 JB/T 9832.2 的规定进行。

5.6 使用信息

5.6.1 使用说明书按 GB/T 9969 的规定进行检查。

5.6.2 产品标牌按 GB/T 13306 的规定进行检查。

6 检验规则

6.1 抽样方法

6.1.1 抽样应符合 GB/T 2828.1 中正常检查一次抽样方案的规定。

6.1.2 样本应在制造单位近 6 个月内生产的合格产品中随机抽取，抽样检查批量应不少于 3 台，样本大小为 2 台。在销售部门抽样时，不受上述限制。

6.1.3 整机应在生产企业成品库或销售部门抽取，零部件应在零部件成品库或装配线上已检验合格的零部件中抽取，也可在样机上拆取。

6.2 检验项目、不合格分类

检验项目、不合格分类见表 3。

表 3 检验项目、不合格分类

不合格分类	检验项目	样本数	项目数	检查水平	样本大小字码	AQL	Ac	Re
A	1. 生产率 2. 使用可靠性 3. 安全卫生要求		3			6.5	0	1
B	1. 空载噪声 2. 单位耗电量 3. 轴承负载温升 4. 主轴硬度 5. 筛兰质量 6. 薯渣含粉率和含水率	2	6	S-I	A	25	1	2

表 3（续）

不合格 分类	检验项目	样本数	项目数	检查水平	样本大小字码	AQL	Ac	Re
C	1. 运转平稳性及异响 2. 密封部位渗漏情况 3. 表面涂漆质量 4. 外观质量 5. 漆膜附着力 6. 标志、标牌 7. 使用说明书	2	7	S-I	A	40	2	3
注：AQL 为合格质量水平，Ac 为合格判定数，Re 为不合格判定数。								

6.3 判定规则

评定时采用逐项检验考核，A、B、C 各类的不合格项小于或等于 Ac 为合格，大于或等于 Re 为不合格。A、B、C 各类均合格时，该批产品为合格品，否则为不合格品。

附录

中华人民共和国农业部公告
第 1723 号

《农产品等级规格标准编写通则》等 38 项标准业经专家审定通过,我部审查批准,现发布为中华人民共和国农业行业标准,自 2012 年 5 月 1 日起实施。

特此公告。

二〇一二年二月二十一日

序号	标准号	标准名称	代替标准号
1	NY/T 2113—2012	农产品等级规格标准编写通则	
2	NY/T 2114—2012	大豆疫霉病菌检疫检测与鉴定方法	
3	NY/T 2115—2012	大豆疫霉病监测技术规范	
4	NY/T 2116—2012	虫草制品中虫草素和腺苷的测定　高效液相色谱法	
5	NY/T 2117—2012	双孢蘑菇冷藏及冷链运输技术规范	
6	NY/T 2118—2012	蔬菜育苗基质	
7	NY/T 2119—2012	蔬菜穴盘育苗　通则	
8	NY/T 2120—2012	香蕉无病毒种苗生产技术规范	
9	NY/T 2121—2012	东北地区硬红春小麦	
10	NY/T 1464.42—2012	农药田间药效试验准则　第42部分:杀虫剂防治马铃薯二十八星瓢虫	
11	NY/T 1464.43—2012	农药田间药效试验准则　第43部分:杀虫剂防治蔬菜烟粉虱	
12	NY/T 1464.44—2012	农药田间药效试验准则　第44部分:杀菌剂防治烟草野火病	
13	NY/T 1464.45—2012	农药田间药效试验准则　第45部分:杀菌剂防治三七圆斑病	
14	NY/T 1464.46—2012	农药田间药效试验准则　第46部分:杀菌剂防治草坪草叶斑病	
15	NY/T 1464.47—2012	农药田间药效试验准则　第47部分:除草剂防治林业防火道杂草	
16	NY/T 1464.48—2012	农药田间药效试验准则　第48部分:植物生长调节剂调控月季生长	
17	NY/T 2062.2—2012	天敌防治靶标生物田间药效试验准则　第2部分:平腹小蜂防治荔枝、龙眼树荔枝蝽	
18	NY/T 2063.2—2012	天敌昆虫室内饲养方法准则　第2部分:平腹小蜂室内饲养方法	
19	NY/T 2122—2012	肉鸭饲养标准	
20	NY/T 2123—2012	蛋鸡生产性能测定技术规范	
21	NY/T 2124—2012	文昌鸡	
22	NY/T 2125—2012	清远麻鸡	
23	NY/T 2126—2012	草种质资源保存技术规程	
24	NY/T 2127—2012	牧草种质资源田间评价技术规程	
25	NY/T 2128—2012	草块	
26	NY/T 2129—2012	饲草产品抽样技术规程	
27	NY/T 2130—2012	饲料中烟酰胺的测定　高效液相色谱法	
28	NY/T 2131—2012	饲料添加剂　枯草芽孢杆菌	
29	NY/T 2132—2012	温室灌溉系统设计规范	
30	NY/T 2133—2012	温室湿帘—风机降温系统设计规范	
31	NY/T 2134—2012	日光温室主体结构施工与安装验收规程	
32	NY/T 2135—2012	蔬菜清洗机洗净度测试方法	
33	NY/T 2136—2012	标准果园建设规范　苹果	
34	NY/T 2137—2012	农产品市场信息分类与计算机编码	
35	NY/T 2138—2012	农产品全息市场信息采集规范	
36	NY/T 2139—2012	沼肥加工设备	
37	NY/T 2140—2012	绿色食品　代用茶	
38	NY/T 288—2012	绿色食品　茶叶	NY/T 288—2002

中华人民共和国农业部公告
第 1729 号

《秸秆沼气工程施工操作规程》等 20 项标准,业经专家审定通过,现批准发布为中华人民共和国农业行业标准。《高标准农田建设标准》自发布之日起实施,其他标准自 2012 年 6 月 1 日起实施。

特此公告。

二〇一二年三月一日

序号	标准号	标准名称	代替标准号
1	NY/T 2141—2012	秸秆沼气工程施工操作规程	
2	NY/T 2142—2012	秸秆沼气工程工艺设计规范	
3	NY/T 2143—2012	宠物美容师	
4	NY/T 2144—2012	农机轮胎修理工	
5	NY/T 2145—2012	设施农业装备操作工	
6	NY/T 2146—2012	兽医化学药品检验员	
7	NY/T 2147—2012	兽用中药制剂工	
8	NY/T 2148—2012	高标准农田建设标准	
9	NY 525—2012	有机肥料	NY 525—2011
10	SC/T 1111—2012	河蟹养殖质量安全管理技术规程	
11	SC/T 1112—2012	斑点叉尾鮰　亲鱼和苗种	
12	SC/T 1115—2012	剑尾鱼　RR-B系	
13	SC/T 1116—2012	水产新品种审定技术规范	
14	SC/T 2003—2012	刺参　亲参和苗种	
15	SC/T 2009—2012	半滑舌鳎　亲鱼和苗种	
16	SC/T 2025—2012	眼斑拟石首鱼　亲鱼和苗种	
17	SC/T 2016—2012	拟穴青蟹　亲蟹和苗种	
18	SC/T 2042—2012	斑节对虾　亲虾和苗种	
19	SC/T 2054—2012	鮸状黄菇鱼	
20	SC/T 1008—2012	淡水鱼苗种池塘常规培育技术规范	SC/T 1008—1994

中华人民共和国农业部公告
第 1730 号

根据《中华人民共和国兽药管理条例》和《中华人民共和国饲料和饲料添加剂管理条例》规定,《饲料中 8 种苯并咪唑类药物的测定　液相色谱—串联质谱法和液相色谱法》标准,业经专家审定通过,现批准发布为中华人民共和国国家标准,自发布之日起实施。

特此公告。

二〇一二年三月一日

序号	标准名称	标准代号
1	饲料中 8 种苯并咪唑类药物的测定　液相色谱—串联质谱法和液相色谱法	农业部 1730 号公告—1—2012

中华人民共和国农业部公告
第 1782 号

根据《中华人民共和国农业转基因生物安全管理条例》规定,《转基因植物及其产品成分检测　耐除草剂大豆 356043 及其衍生品种定性 PCR 方法》等 13 项标准业经专家审定通过,我部审查批准,现发布为中华人民共和国国家标准。自 2012 年 9 月 1 日起实施。

特此公告。

二〇一二年六月六日

序号	标准名称	标准代号
1	转基因植物及其产品成分检测 耐除草剂大豆 356043 及其衍生品种定性 PCR 方法	农业部 1782 号公告—1—2012
2	转基因植物及其产品成分检测 标记基因 NPTII、HPT 和 PMI 定性 PCR 方法	农业部 1782 号公告—2—2012
3	转基因植物及其产品成分检测 调控元件 CaMV 35S 启动子、FMV 35S 启动子、NOS 启动子、NOS 终止子和 CaMV 35S 终止子定性 PCR 方法	农业部 1782 号公告—3—2012
4	转基因植物及其产品成分检测 高油酸大豆 305423 及其衍生品种定性 PCR 方法	农业部 1782 号公告—4—2012
5	转基因植物及其产品成分检测 耐除草剂大豆 CV127 及其衍生品种定性 PCR 方法	农业部 1782 号公告—5—2012
6	转基因植物及其产品成分检测 bar 或 pat 基因定性 PCR 方法	农业部 1782 号公告—6—2012
7	转基因植物及其产品成分检测 CpTI 基因定性 PCR 方法	农业部 1782 号公告—7—2012
8	转基因植物及其产品成分检测 基体标准物质制备技术规范	农业部 1782 号公告—8—2012
9	转基因植物及其产品成分检测 标准物质试用评价技术规范	农业部 1782 号公告—9—2012
10	转基因植物及其产品成分检测 转植酸酶基因玉米 BVLA430101 构建特异性定性 PCR 方法	农业部 1782 号公告—10—2012
11	转基因植物及其产品成分检测 转植酸酶基因玉米 BVLA430101 及其衍生品种定性 PCR 方法	农业部 1782 号公告—11—2012
12	转基因生物及其产品食用安全检测 蛋白质氨基酸序列飞行时间质谱分析方法	农业部 1782 号公告—12—2012
13	转基因生物及其产品食用安全检测 挪威棕色大鼠致敏性试验方法	农业部 1782 号公告—13—2012

中华人民共和国农业部公告
第 1783 号

　　《农产品产地安全质量适宜性评价技术规范》等 61 项标准业经专家审定通过，我部审查批准，现发布为中华人民共和国农业行业标准，自 2012 年 9 月 1 日起实施。
　　特此公告。

二〇一二年六月六日

序号	标准号	标准名称	代替标准号
1	NY/T 2149—2012	农产品产地安全质量适宜性评价技术规范	
2	NY/T 2150—2012	农产品产地禁止生产区划分技术指南	
3	NY/T 2151—2012	薇甘菊综合防治技术规程	
4	NY/T 2152—2012	福寿螺综合防治技术规程	
5	NY/T 2153—2012	空心莲子草综合防治技术规程	
6	NY/T 2154—2012	紫茎泽兰综合防治技术规程	
7	NY/T 2155—2012	外来入侵杂草根除指南	
8	NY/T 2156—2012	水稻主要病害防治技术规程	
9	NY/T 2157—2012	梨主要病虫害防治技术规程	
10	NY/T 2158—2012	美洲斑潜蝇防治技术规程	
11	NY/T 2159—2012	大豆主要病害防治技术规程	
12	NY/T 2160—2012	香蕉象甲监测技术规程	
13	NY/T 2161—2012	椰子主要病虫害防治技术规程	
14	NY/T 2162—2012	棉花抗棉铃虫性鉴定方法	
15	NY/T 2163—2012	棉盲蝽测报技术规范	
16	NY/T 2164—2012	马铃薯脱毒种薯繁育基地建设标准	
17	NY/T 2165—2012	鱼、虾遗传育种中心建设标准	
18	NY/T 2166—2012	橡胶树苗木繁育基地建设标准	
19	NY/T 2167—2012	橡胶树种植基地建设标准	
20	NY/T 2168—2012	草原防火物资储备库建设标准	
21	NY/T 2169—2012	种羊场建设标准	
22	NY/T 2170—2012	水产良种场建设标准	
23	NY/T 2171—2012	蔬菜标准园创建规范	
24	NY/T 2172—2012	标准茶园建设规范	
25	NY/T 2173—2012	耕地质量预警规范	
26	NY/T 2174—2012	主要热带作物品种 AFLP 分子鉴定技术规程	
27	NY/T 2175—2012	农作物优异种质资源评价规范　野生稻	
28	NY/T 2176—2012	农作物优异种质资源评价规范　甘薯	
29	NY/T 2177—2012	农作物优异种质资源评价规范　豆科牧草	
30	NY/T 2178—2012	农作物优异种质资源评价规范　苎麻	
31	NY/T 2179—2012	农作物优异种质资源评价规范　马铃薯	
32	NY/T 2180—2012	农作物优异种质资源评价规范　甘蔗	
33	NY/T 2181—2012	农作物优异种质资源评价规范　桑树	
34	NY/T 2182—2012	农作物优异种质资源评价规范　莲藕	
35	NY/T 2183—2012	农作物优异种质资源评价规范　茭白	
36	NY/T 2184—2012	农作物优异种质资源评价规范　橡胶树	
37	NY/T 2185—2012	天然生胶　胶清橡胶加工技术规程	
38	NY/T 1121.24—2012	土壤检测　第 24 部分:土壤全氮的测定　自动定氮仪法	
39	NY/T 1121.25—2012	土壤检测　第 25 部分:土壤有效磷的测定　连续流动分析仪法	
40	NY/T 2186.1—2012	微生物农药毒理学试验准则　第 1 部分:急性经口毒性/致病性试验	
41	NY/T 2186.2—2012	微生物农药毒理学试验准则　第 2 部分:急性经呼吸道毒性/致病性试验	
42	NY/T 2186.3—2012	微生物农药毒理学试验准则　第 3 部分:急性注射毒性/致病性试验	
43	NY/T 2186.4—2012	微生物农药毒理学试验准则　第 4 部分:细胞培养试验	
44	NY/T 2186.5—2012	微生物农药毒理学试验准则　第 5 部分:亚慢性毒性/致病性试验	
45	NY/T 2186.6—2012	微生物农药毒理学试验准则　第 6 部分:繁殖/生育影响试验	

（续）

序号	标准号	标准名称	代替标准号
46	NY/T 1859.2—2012	农药抗性风险评估　第2部分:卵菌对杀菌剂抗药性风险评估	
47	NY/T 1859.3—2012	农药抗性风险评估　第3部分:蚜虫对拟除虫菊酯类杀虫剂抗药性风险评估	
48	NY/T 1859.4—2012	农药抗性风险评估　第4部分:乙酰乳酸合成酶抑制剂类除草剂抗性风险评估	
49	NY/T 228—2012	天然橡胶初加工机械　打包机	NY 228—1994
50	NY/T 381—2012	天然橡胶初加工机械　压薄机	NY/T 381—1999
51	NY/T 261—2012	剑麻加工机械　纤维压水机	NY/T 261—1994
52	NY/T 341—2012	剑麻加工机械　制绳机	NY/T 341—1998
53	NY/T 353—2012	椰子　种果和种苗	NY/T 353—1999
54	NY/T 395—2012	农田土壤环境质量监测技术规范	NY/T 395—2000
55	NY/T 590—2012	芒果　嫁接苗	NY 590—2002
56	NY/T 735—2012	天然生胶　子午线轮胎橡胶加工技术规程	NY/T 735—2003
57	NY/T 875—2012	食用木薯淀粉	NY/T 875—2004
58	NY 884—2012	生物有机肥	NY 884—2004
59	NY/T 924—2012	浓缩天然胶乳　氨保存离心胶乳加工技术规程	NY/T 924—2004
60	NY/T 1119—2012	耕地质量监测技术规程	NY/T 1119—2006
61	SC/T 2043—2012	斑节对虾　亲虾和苗种	

中华人民共和国农业部公告
第 1861 号

根据《中华人民共和国农业转基因生物安全管理条例》规定,《转基因植物及其产品成分检测　水稻内标准基因定性 PCR 方法》等 6 项标准业经专家审定通过和我部审查批准,现发布为中华人民共和国国家标准。自 2013 年 1 月 1 日起实施。

特此公告

2012 年 11 月 28 日

附　录

序号	标准名称	标准代号
1	转基因植物及其产品成分检测　水稻内标准基因定性 PCR 方法	农业部 1861 号公告—1—2012
2	转基因植物及其产品成分检测　耐除草剂大豆 GTS 40—3—2 及其衍生品种定性 PCR 方法	农业部 1861 号公告—2—2012
3	转基因植物及其产品成分检测　玉米内标准基因定性 PCR 方法	农业部 1861 号公告—3—2012
4	转基因植物及其产品成分检测　抗虫玉米 MON89034 及其衍生品种定性 PCR 方法	农业部 1861 号公告—4—2012
5	转基因植物及其产品成分检测　CP4 - epsps 基因定性 PCR 方法	农业部 1861 号公告—5—2012
6	转基因植物及其产品成分检测　耐除草剂棉花 GHB614 及其衍生品种定性 PCR 方法	农业部 1861 号公告—6—2012

中华人民共和国农业部公告
第 1862 号

　　根据《中华人民共和国兽药管理条例》和《中华人民共和国饲料和饲料添加剂管理条例》规定，《饲料中巴氯芬的测定　液相色谱—串联质谱法》等 6 项标准业经专家审定通过和我部审查批准，现发布为中华人民共和国国家标准，自发布之日起实施。

　　特此公告

2012 年 12 月 3 日

附　录

序号	标准名称	标准代号
1	饲料中巴氯芬的测定　液相色谱—串联质谱法	农业部 1862 号公告—1—2012
2	饲料中唑吡旦的测定　高效液相色谱法/液相色谱—串联质谱法	农业部 1862 号公告—2—2012
3	饲料中万古霉素的测定　液相色谱—串联质谱法	农业部 1862 号公告—3—2012
4	饲料中 5 种聚醚类药物的测定　液相色谱—串联质谱法	农业部 1862 号公告—4—2012
5	饲料中地克珠利的测定　液相色谱—串联质谱法	农业部 1862 号公告—5—2012
6	饲料中噁喹酸的测定　高效液相色谱法	农业部 1862 号公告—6—2012

中华人民共和国农业部公告
第 1869 号

《拖拉机号牌座设置技术要求》等 141 项标准业经专家审定通过，现批准发布为中华人民共和国农业行业标准，自 2013 年 3 月 1 日起实施。

特此公告。

2012 年 12 月 7 日

附　录

序号	标准号	标准名称	代替标准号
1	NY 2187—2012	拖拉机号牌座设置技术要求	
2	NY 2188—2012	联合收割机号牌座设置技术要求	
3	NY 2189—2012	微耕机　安全技术要求	
4	NY/T 2190—2012	机械化保护性耕作　名词术语	
5	NY/T 2191—2012	水稻插秧机适用性评价方法	
6	NY/T 2192—2012	水稻机插秧作业技术规范	
7	NY/T 2193—2012	常温烟雾机安全施药技术规范	
8	NY/T 2194—2012	农业机械田间行走道路技术规范	
9	NY/T 2195—2012	饲料加工成套设备能耗限值	
10	NY/T 2196—2012	手扶拖拉机　修理质量	
11	NY/T 2197—2012	农用柴油发动机　修理质量	
12	NY/T 2198—2012	微耕机　修理质量	
13	NY/T 2199—2012	油菜联合收割机　作业质量	
14	NY/T 2200—2012	活塞式挤奶机　质量评价技术规范	
15	NY/T 2201—2012	棉花收获机　质量评价技术规范	
16	NY/T 2202—2012	碾米成套设备　质量评价技术规范	
17	NY/T 2203—2012	全混合日粮制备机　质量评价技术规范	
18	NY/T 2204—2012	花生收获机械　质量评价技术规范	
19	NY/T 2205—2012	大棚卷帘机　质量评价技术规范	
20	NY/T 2206—2012	液压榨油机　质量评价技术规范	
21	NY/T 2207—2012	轮式拖拉机能效等级评价	
22	NY/T 2208—2012	油菜全程机械化生产技术规范	
23	NY/T 2209—2012	食品电子束辐照通用技术规范	
24	NY/T 2210—2012	马铃薯辐照抑制发芽技术规范	
25	NY/T 2211—2012	含纤维素辐照食品鉴定　电子自旋共振法	
26	NY/T 2212—2012	含脂辐照食品鉴定　气相色谱分析碳氢化合物法	
27	NY/T 2213—2012	辐照食用菌鉴定　热释光法	
28	NY/T 2214—2012	辐照食品鉴定　光释光法	
29	NY/T 2215—2012	含脂辐照食品鉴定　气相色谱质谱分析2-烷基环丁酮法	
30	NY/T 2216—2012	农业野生植物原生境保护点　监测预警技术规程	
31	NY/T 2217.1—2012	农业野生植物异位保存技术规程　第1部分:总则	
32	NY/T 2218—2012	饲料原料　发酵豆粕	
33	NY/T 2219—2012	超细羊毛	
34	NY/T 2220—2012	山羊绒分级整理技术规范	
35	NY/T 2221—2012	地毯用羊毛分级整理技术规范	
36	NY/T 2222—2012	动物纤维直径及成分检测　显微图像分析仪法	
37	NY/T 2223—2012	植物新品种特异性、一致性和稳定性测试指南　不结球白菜	
38	NY/T 2224—2012	植物新品种特异性、一致性和稳定性测试指南　大麦	
39	NY/T 2225—2012	植物新品种特异性、一致性和稳定性测试指南　芍药	
40	NY/T 2226—2012	植物新品种特异性、一致性和稳定性测试指南　郁金香属	
41	NY/T 2227—2012	植物新品种特异性、一致性和稳定性测试指南　石竹属	
42	NY/T 2228—2012	植物新品种特异性、一致性和稳定性测试指南　菊花	
43	NY/T 2229—2012	植物新品种特异性、一致性和稳定性测试指南　百合	
44	NY/T 2230—2012	植物新品种特异性、一致性和稳定性测试指南　蝴蝶兰	
45	NY/T 2231—2012	植物新品种特异性、一致性和稳定性测试指南　梨	
46	NY/T 2232—2012	植物新品种特异性、一致性和稳定性测试指南　玉米	
47	NY/T 2233—2012	植物新品种特异性、一致性和稳定性测试指南　高粱	
48	NY/T 2234—2012	植物新品种特异性、一致性和稳定性测试指南　辣椒	
49	NY/T 2235—2012	植物新品种特异性、一致性和稳定性测试指南　黄瓜	
50	NY/T 2236—2012	植物新品种特异性、一致性和稳定性测试指南　番茄	

（续）

序号	标准号	标准名称	代替标准号
51	NY/T 2237—2012	植物新品种特异性、一致性和稳定性测试指南　花生	
52	NY/T 2238—2012	植物新品种特异性、一致性和稳定性测试指南　棉花	
53	NY/T 2239—2012	植物新品种特异性、一致性和稳定性测试指南　甘蓝型油菜	
54	NY/T 2240—2012	国家农作物品种试验站建设标准	
55	NY/T 2241—2012	种猪性能测定中心建设标准	
56	NY/T 2242—2012	农业部农产品质量安全监督检验检测中心建设标准	
57	NY/T 2243—2012	省级农产品质量安全监督检验检测中心建设标准	
58	NY/T 2244—2012	地市级农产品质量安全监督检验检测机构建设标准	
59	NY/T 2245—2012	县级农产品质量安全监督检测机构建设标准	
60	NY/T 2246—2012	农作物生产基地建设标准　油菜	
61	NY/T 2247—2012	农田建设规划编制规程	
62	NY/T 2248—2012	热带作物品种资源抗病虫性鉴定技术规程　香蕉叶斑病、香蕉枯萎病和香蕉根结线虫病	
63	NY/T 2249—2012	菠萝凋萎病病原分子检测技术规范	
64	NY/T 2250—2012	橡胶树棒孢霉落叶病监测技术规程	
65	NY/T 2251—2012	香蕉花叶心腐病和束顶病病原分子检测技术规范	
66	NY/T 2252—2012	槟榔黄化病病原物分子检测技术规范	
67	NY/T 2253—2012	菠萝组培苗生产技术规程	
68	NY/T 2254—2012	甘蔗生产良好农业规范	
69	NY/T 2255—2012	香蕉穿孔线虫香蕉小种和柑橘小种检测技术规程	
70	NY/T 2256—2012	热带水果非疫区及非疫生产点建设规范	
71	NY/T 2257—2012	芒果细菌性黑斑病原菌分子检测技术规范	
72	NY/T 2258—2012	香蕉黑条叶斑病原菌分子检测技术规范	
73	NY/T 2259—2012	橡胶树主要病虫害防治技术规范	
74	NY/T 2260—2012	龙眼等级规格	
75	NY/T 2261—2012	木薯淀粉初加工机械　碎解机　质量评价技术规范	
76	NY/T 2262—2012	螺旋粉虱防治技术规范	
77	NY/T 2263—2012	橡胶树栽培学　术语	
78	NY/T 2264—2012	木薯淀粉初加工机械　离心筛质量评价技术规范	
79	NY/T 2265—2012	香蕉纤维清洁脱胶技术规范	
80	NY/T 2062.3—2012	天敌防治靶标生物田间药效试验准则　第3部分:丽蚜小蜂防治烟粉虱和温室粉虱	
81	NY/T 338—2012	天然橡胶初加工机械　五合一压片机	NY/T 338—1998
82	NY/T 342—2012	剑麻加工机械　纺纱机	NY/T 342—1998
83	NY/T 864—2012	苦丁茶	NY/T 864—2004
84	NY/T 273—2012	绿色食品　啤酒	NY/T 273—2002
85	NY/T 285—2012	绿色食品　豆类	NY/T 285—2003
86	NY/T 289—2012	绿色食品　咖啡	NY/T 289—1995
87	NY/T 421—2012	绿色食品　小麦及小麦粉	NY/T 421—2000
88	NY/T 426—2012	绿色食品　柑橘类水果	NY/T 426—2000
89	NY/T 435—2012	绿色食品　水果、蔬菜脆片	NY/T 435—2000
90	NY/T 437—2012	绿色食品　酱腌菜	NY/T 437—2000
91	NY/T 654—2012	绿色食品　白菜类蔬菜	NY/T 654—2002
92	NY/T 655—2012	绿色食品　茄果类蔬菜	NY/T 655—2002
93	NY/T 657—2012	绿色食品　乳制品	NY/T 657—2007
94	NY/T 743—2012	绿色食品　绿叶类蔬菜	NY/T 743—2003
95	NY/T 744—2012	绿色食品　葱蒜类蔬菜	NY/T 744—2003
96	NY/T 745—2012	绿色食品　根菜类蔬菜	NY/T 745—2003
97	NY/T 746—2012	绿色食品　甘蓝类蔬菜	NY/T 746—2003

（续）

序号	标准号	标准名称	代替标准号
98	NY/T 747—2012	绿色食品　瓜类蔬菜	NY/T 747—2003
99	NY/T 748—2012	绿色食品　豆类蔬菜	NY/T 748—2003
100	NY/T 749—2012	绿色食品　食用菌	NY/T 749—2003
101	NY/T 752—2012	绿色食品　蜂产品	NY/T 752—2003
102	NY/T 753—2012	绿色食品　禽肉	NY/T 753—2003
103	NY/T 840—2012	绿色食品　虾	NY/T 840—2004
104	NY/T 841—2012	绿色食品　蟹	NY/T 841—2004
105	NY/T 842—2012	绿色食品　鱼	NY/T 842—2004
106	NY/T 1040—2012	绿色食品　食用盐	NY/T 1040—2006
107	NY/T 1048—2012	绿色食品　笋及笋制品	NY/T 1048—2006
108	SC/T 3120—2012	冻熟对虾	
109	SC/T 3121—2012	冻牡蛎肉	
110	SC/T 3217—2012	干石花菜	
111	SC/T 3306—2012	即食裙带菜	
112	SC/T 5051—2012	观赏渔业通用名词术语	
113	SC/T 5052—2012	热带观赏鱼命名规则	
114	SC/T 5101—2012	观赏鱼养殖场条件　锦鲤	
115	SC/T 5102—2012	观赏鱼养殖场条件　金鱼	
116	SC/T 6053—2012	渔业船用调频无线电话机(27.5MHz—39.5MHz)试验方法	
117	SC/T 6054—2012	渔业仪器名词术语	
118	SC/T 7016.1—2012	鱼类细胞系　第1部分:胖头鲅肌肉细胞系(FHM)	
119	SC/T 7016.2—2012	鱼类细胞系　第2部分:草鱼肾细胞系(CIK)	
120	SC/T 7016.3—2012	鱼类细胞系　第3部分:草鱼卵巢细胞系(CO)	
121	SC/T 7016.4—2012	鱼类细胞系　第4部分:虹鳟性腺细胞系(RTG－2)	
122	SC/T 7016.5—2012	鱼类细胞系　第5部分:鲤上皮瘤细胞系(EPC)	
123	SC/T 7016.6—2012	鱼类细胞系　第6部分:大鳞大麻哈鱼胚胎细胞系(CHSE)	
124	SC/T 7016.7—2012	鱼类细胞系　第7部分:棕鲴细胞系(BB)	
125	SC/T 7016.8—2012	鱼类细胞系　第8部分:斑点叉尾鲴卵巢细胞系(CCO)	
126	SC/T 7016.9—2012	鱼类细胞系　第9部分:蓝腮太阳鱼细胞系(BF－2)	
127	SC/T 7016.10—2012	鱼类细胞系　第10部分:狗鱼性腺细胞系(PG)	
128	SC/T 7016.11—2012	鱼类细胞系　第11部分:虹鳟肝细胞系(R1)	
129	SC/T 7016.12—2012	鱼类细胞系　第12部分:鲤白血球细胞系(CLC)	
130	SC/T 7017—2012	水生动物疫病风险评估通则	
131	SC/T 7018.1—2012	水生动物疫病流行病学调查规范　第1部分:鲤春病毒血症(SVC)	
132	SC/T 7216—2012	鱼类病毒性神经坏死病(VNN)诊断技术规程	
133	SC/T 9403—2012	海洋渔业资源调查规范	
134	SC/T 9404—2012	水下爆破作业对水生生物资源及生态环境损害评估方法	
135	SC/T 9405—2012	岛礁水域生物资源调查评估技术规范	
136	SC/T 9406—2012	盐碱地水产养殖用水水质	
137	SC/T 9407—2012	河流漂流性鱼卵、仔鱼采样技术规范	
138	SC/T 9408—2012	水生生物自然保护区评价技术规范	
139	SC/T 3202—2012	干海带	SC/T 3202—1996
140	SC/T 3204—2012	虾米	SC/T 3204—2000
141	SC/T 3209—2012	淡菜	SC/T 3209—2001

中华人民共和国农业部公告
第 1878 号

　　《中量元素水溶肥料》等 50 项标准业经专家审定通过，现批准发布为中华人民共和国农业行业标准。其中，《中量元素水溶肥料》和《缓释肥料　登记要求》两项标准自 2013 年 6 月 1 日起实施；《农业用改性硝酸铵》、《农业用硝酸铵钙》、《肥料　三聚氰胺含量的测定》、《土壤调理剂　效果试验和评价要求》、《土壤调理剂　钙、镁、硅含量的测定》、《土壤调理剂　磷、钾含量的测定》、《缓释肥料　效果试验和评价要求》和《液体肥料　包装技术要求》等 8 项标准自 2013 年 1 月 1 日起实施；其他标准自 2013 年 3 月 1 日起实施。

　　特此公告。

　　附件：《中量元素水溶肥料》等 50 项农业行业标准目录

农业部

2012 年 12 月 24 日

附件:《中量元素水溶肥料》等 50 项农业行业标准目录

序号	项目编号	标准名称	替代
1	NY 2266—2012	中量元素水溶肥料	
2	NY 2267—2012	缓释肥料　登记要求	
3	NY 2268—2012	农业用改性硝酸铵	
4	NY 2269—2012	农业用硝酸铵钙	
5	NY/T 2270—2012	肥料　三聚氰胺含量的测定	
6	NY/T 2271—2012	土壤调理剂　效果试验和评价要求	
7	NY/T 2272—2012	土壤调理剂　钙、镁、硅含量的测定	
8	NY/T 2273—2012	土壤调理剂　磷、钾含量的测定	
9	NY/T 2274—2012	缓释肥料　效果试验和评价要求	
10	NY/T 2275—2012	草原田鼠防治技术规程	
11	NY/T 2276—2012	制汁甜橙	
12	NY/T 2277—2012	水果蔬菜中有机酸和阴离子的测定　离子色谱法	
13	NY/T 2278—2012	灵芝产品中灵芝酸含量的测定　高效液相色谱法	
14	NY/T 2279—2012	食用菌中岩藻糖、阿糖醇、海藻糖、甘露醇、甘露糖、葡萄糖、半乳糖、核糖的测定　离子色谱法	
15	NY/T 2280—2012	双孢蘑菇中蘑菇氨酸的测定　高效液相色谱法	
16	NY/T 2281—2012	苹果病毒检测技术规范	
17	NY/T 2282—2012	梨无病毒母本树和苗木	
18	NY/T 2283—2012	冬小麦灾害田间调查及分级技术规范	
19	NY/T 2284—2012	玉米灾害田间调查及分级技术规范	
20	NY/T 2285—2012	水稻冷害田间调查及分级技术规范	
21	NY/T 2286—2012	番茄溃疡病菌检疫检测与鉴定方法	
22	NY/T 2287—2012	水稻细菌性条斑病菌检疫检测与鉴定方法	
23	NY/T 2288—2012	黄瓜绿斑驳花叶病毒检疫检测与鉴定方法	
24	NY/T 2289—2012	小麦矮腥黑穗病菌检疫检测与鉴定方法	
25	NY/T 2290—2012	橡胶南美叶疫病监测技术规范	
26	NY/T 2291—2012	玉米细菌性枯萎病监测技术规范	
27	NY/T 2292—2012	亚洲梨火疫病监测技术规范	
28	NY/T 1151.4—2012	农药登记卫生用杀虫剂室内药效试验及评价　第 4 部分:驱蚊帐	
29	NY/T 2061.3—2012	农药室内生物测定试验准则　植物生长调节剂　第 3 部分:促进/抑制生长试验　黄瓜子叶扩张法	
30	NY/T 2061.4—2012	农药室内生物测定试验准则　植物生长调节剂　第 4 部分:促进/抑制生根试验　黄瓜子叶生根法	
31	NY/T 2293.1—2012	细菌微生物农药　枯草芽孢杆菌　第 1 部分:枯草芽孢杆菌母药	
32	NY/T 2293.2—2012	细菌微生物农药　枯草芽孢杆菌　第 2 部分:枯草芽孢杆菌可湿性粉剂	
33	NY/T 2294.1—2012	细菌微生物农药　蜡质芽孢杆菌　第 1 部分:蜡质芽孢杆菌母药	
34	NY/T 2294.2—2012	细菌微生物农药　蜡质芽孢杆菌　第 2 部分:蜡质芽孢杆菌可湿性粉剂	
35	NY/T 2295.1—2012	真菌微生物农药　球孢白僵菌　第 1 部分:球孢白僵菌母药	
36	NY/T 2295.2—2012	真菌微生物农药　球孢白僵菌　第 2 部分:球孢白僵菌可湿性粉剂	
37	NY/T 2296.1—2012	细菌微生物农药　荧光假单胞杆菌　第 1 部分:荧光假单胞杆菌母药	
38	NY/T 2296.2—2012	细菌微生物农药　荧光假单胞杆菌　第 2 部分:荧光假单胞杆菌可湿性粉剂	

（续）

序号	项目编号	标准名称	替代
39	NY/T 2297—2012	饲料中苯甲酸和山梨酸的测定　高效液相色谱法	
40	NY/T 1108—2012	液体肥料　包装技术要求	NY/T 1108—2006
41	NY/T 1121.9—2012	土壤检测　第9部分：土壤有效钼的测定	NY/T 1121.9—2006
42	NY/T 1756—2012	饲料中孔雀石绿的测定	NY/T 1756—2009
43	SC/T 3402—2012	褐藻酸钠印染助剂	
44	SC/T 3404—2012	岩藻多糖	
45	SC/T 6072—2012	渔船动态监管信息系统建设技术要求	
46	SC/T 6073—2012	水生哺乳动物饲养设施要求	
47	SC/T 6074—2012	水族馆术语	
48	SC/T 9409—2012	水生哺乳动物谱系记录规范	
49	SC/T 9410—2012	水族馆水生哺乳动物驯养技术等级划分要求	
50	SC/T 9411—2012	水族馆水生哺乳动物饲养水质	

中华人民共和国农业部公告
第 1879 号

根据《中华人民共和国兽药管理条例》和《中华人民共和国饲料和饲料添加剂管理条例》规定,《动物尿液中苯乙醇胺 A 的测定　液相色谱—串联质谱法》等 2 项标准业经专家审定通过,现批准发布为中华人民共和国国家标准,自发布之日起实施。

特此公告

附件:《动物尿液中苯乙醇胺 A 的测定　液相色谱—串联质谱法》等 2 项标准目录

农业部

2012 年 12 月 24 日

附件:《动物尿液中苯乙醇胺 A 的测定　液相色谱—串联质谱法》等 2 项标准目录

序号	标准名称	标准代号
1	动物尿液中苯乙醇胺 A 的测定　液相色谱—串联质谱法	农业部 1879 号公告—1—2012
2	饲料中磺胺氯吡嗪钠的测定　高效液相色谱法	农业部 1879 号公告—2—2012

中华人民共和国卫生部
中华人民共和国农业部 公告
2012 年 第 22 号

　　根据《食品安全法》规定,经食品安全国家标准审评委员会审查通过,现发布食品安全国家标准《食品中农药最大残留限量》(GB 2763—2012),自 2013 年 3 月 1 日起实施。

下列标准自 2013 年 3 月 1 日起废止:

《食品中农药最大残留限量》(GB 2763—2005);

《食品中农药最大残留限量》(GB 2763—2005)第 1 号修改单;

《粮食卫生标准》(GB 2715—2005)中的 4.3.3 农药最大残留限量;

《食品中百菌清等 12 种农药最大残留限量》(GB 25193—2010);

《食品中百草枯等 54 种农药最大残留限量》(GB 26130—2010);

《食品中阿维菌素等 85 种农药最大残留限量》(GB 28260—2011)。

特此公告。

中华人民共和国卫生部
中华人民共和国农业部
2012 年 11 月 16 日

图书在版编目（CIP）数据

最新中国农业行业标准. 第 9 辑. 农机分册/农业标
准编辑部编. —北京：中国农业出版社，2013.12
（中国农业标准经典收藏系列）
ISBN 978 - 7 - 109 - 18713 - 9

Ⅰ.①最… Ⅱ.①农… Ⅲ.①农业—行业标准—汇编
—中国②农业机械—行业标准—汇编—中国 Ⅳ.
①S - 65②S22 - 65

中国版本图书馆 CIP 数据核字（2013）第 301589 号

中国农业出版社出版
（北京市朝阳区农展馆北路 2 号）
（邮政编码 100125）
责任编辑 刘 伟 冀 刚 李文宾

北京中科印刷有限公司印刷 新华书店北京发行所发行
2014 年 1 月第 1 版 2014 年 1 月北京第 1 次印刷

开本：880mm×1230mm 1/16 印张：20
字数：632 千字
定价：160.00 元
（凡本版图书出现印刷、装订错误，请向出版社发行部调换）